URBAN PUBLIC ART

CASE & PATH

城市公共艺术：案例与路径

中国建筑文化中心 著

江苏凤凰科学技术出版社

图书在版编目（CIP）数据

城市公共艺术：案例与路径 / 中国建筑文化中心著
. -- 南京：江苏凤凰科学技术出版社, 2018.4
ISBN 978-7-5537-9045-9

Ⅰ. ①城… Ⅱ. ①中… Ⅲ. ①城市景观 – 景观设计 – 研究 – 中国 Ⅳ. ①TU-856

中国版本图书馆CIP数据核字(2018)第040393号

城市公共艺术：案例与路径

著　　者	中国建筑文化中心
项目策划	凤凰空间／杨　琦 石　磊
责任编辑	刘屹立　赵　研
特约编辑	石　磊
出版发行	江苏凤凰科学技术出版社
出版社地址	南京市湖南路1号A楼，邮编：210009
出版社网址	http：//www.pspress.cn
总　经　销	天津凤凰空间文化传媒有限公司
总经销网址	http：//www.ifengspace.cn
印　　刷	广东省博罗县园洲勤达印务有限公司
开　　本	787 mm×1 092 mm　1／16
印　　张	14.75
字　　数	250 000
版　　次	2018年4月第1版
印　　次	2024年10月第2次印刷
标准书号	ISBN 978-7-5537-9045-9
定　　价	148.00元

图书如有印装质量问题，可随时向销售部调换（电话：022-87893668）。

顾问委员会成员（以姓氏笔画为序）

于化云、王　中、马钦忠、孙振华、景育民、宋伟光、吕品晶、许正龙、乔　迁、杨奇瑞、罗小平、秦　璞、翁剑青、傅中望

编委会

主　　任：李吉祥

副 主 任：潘亚元

执行主编：文　山

执行副主编：王　蓉

编写部门：中国建筑文化中心公共艺术部

执笔编辑：王　蓉、李扬波、何　姝

特约编辑：金舜华、张晟瑜

Preface

“城市让生活更美好”，这句标语随着现代城市化进程的发展已经深入人心。随着城市化进程的加速与社会经济的发展，城镇的规模与体量、各种空间要素的科学性与合理性更是人本意义上的现实问题。城市环境问题、交通问题、人口问题与城市公共设施及公共管理问题纷至沓来，城市病日趋严重，如何让城市空间变得更宜居？城市规划与设计在其中发挥了重要作用。公共艺术作为城市规划与设计中重要的一部分，作为体现精神文明的媒介，也在这样的讨论中慢慢进入了人们的视野。

公共艺术的概念与界限非常广泛，城市雕塑、壁画、公园、商业街区等皆包含其内。公共艺术体现了城市的形象、品牌、文化，城市人文复兴、创新科学的规划、市民生活、城市民主与和谐皆离不开公共艺术。公共艺术似乎有些姗姗来迟，但自进入中国社会后，它也参与到了中国城市建设的方方面面。随着中国申奥成功，“鸟巢”“水立方”等大型公共设施也随之落成，其创新、拟态的外观和多功能的复杂结构同时满足审美和实用两方面的需求，体现了时代感与中国的大国精神，成为国际公共艺术上耀眼的一章，也为奥运会增添了绚烂的一笔。

但是，多样的行业需求、多样的作用对象以及身份背景不一的公共艺术从业者，使当前公共艺术在中国的发展现状显得鱼龙混杂，处境尴尬，同时

前言

也出现了资金、管理、安全、专业度等诸多问题。在全国各地还出现了一些不合理、不雅的、与城市环境相悖的设计，被人诟病。2015 年，中央城市工作会议提出要加强城市设计，提高城市设计水平，这就要求在倡导城市特色、城市可持续发展和生态和谐的今天，进一步彰显公共艺术在城市设计中的重要地位。

在这个背景下，作为全国建设系统从事城市公共艺术与城乡创意文化景观研究的专业性机构，中国建筑文化中心公共艺术部结合自身项目及研究经验，于 2015 年开展了“国内城市公共艺术项目案例调查及规划建设路径初探”的研究工作。意在对国内公共艺术项目进行案例调查的基础上，结合中国公共艺术研究和建设中存在的问题，分析、归纳公共艺术之于城市建设的重要性和规律性，对国内公共艺术项目的规划、建设途径、设计要素、发展态势等作出较为全面、系统的探讨。同时，也从资金来源、规划标准和管理体制等方面，全方位剖析规范化的公共艺术项目技术指标及流程。通过这项研究工作，可以提升我们对公共艺术的理解和认识水平，推进公共艺术规划工作的进一步发展，也为中国公共艺术的实践提供指导性的、科学有效的支撑。

本书从公共艺术规划纳入城市规划设计的整体性角度出发，第一部分绪论梳理了公共艺术的基本概念以及发展背景；第二部分选取国内当代公共艺术典型案例，如广场、公园绿地、街道、地铁、商业设施等进行形态归类，逐项展开分类论述与评析；第三部分以城市公共空间为核心，从设计学、美学的角度，展开城市空间与公共艺术策划的讨论，举出具体的城市色彩、公共广告、照明、城市雕塑等设计方案，并讨论城市公共空间社会学意义；第四部分对公共艺术的规划及建设路径进行了论述，具体到管理制度、参与机制、作品征集及经费保障；第五部分为尾声，展示了几位当代艺术家对于公共艺术的观点。全书在中国当代艺术以及城市发展的背景下编写，结合具体案例，对于我国公共艺术的研究及城市建设的发展，具有重要的现实意义。

《城市公共艺术：案例与路径》编委会

Contents

第一部分 绪论

第二部分 国内公共艺术案例分析

目录

第四部分 当代公共艺术建设路径探索与发展

第五部分 当代公共艺术观点

第一部分 绪论

公共艺术与城市公共空间密不可分，它为公众提供着近距离接触艺术的机会，反映着城市文化和城市公众的生活情态。可以说，公共艺术拥有着城市设计中不可或缺的艺术属性。因此，从城市设计的角度重新看待公共艺术的发展，将之纳入城市“大规划”的范围进行统筹考虑成为了迫切的需求。

Public art is closely associated with urban public space, which offers the public an opportunity to observe art from near and reflects urban culture and living conditions of city people. We can fairly say that public art demonstrates the unprecedented artistic attributes of urban design. Thereby, it becomes an imperious demand to regard the development of public art from the angle of urban design and to incorporate it into the range of city “grand planning”.

1.1 中国当代公共艺术研究背景、目的及意义

The Public Space 公共空间
Public Art 公共艺术
Urban Design 城市设计

公共艺术由于其公共性、多元化的特征，成为了城市精神的**体现者**，城市文脉的**延续者**。

在进入现代社会之前，“公共艺术”基本上都是神权、宗教、贵族和政治势力的产物，如罗马市政广场的雕塑、巴黎协和广场的方尖碑等，彼时公共空间的艺术服务于权力阶层，凌驾于大众之上。18世纪的启蒙主义运动带来了民众的思想解放，有力地批判了专制和特权主义，同时提出了“公共性”“公共空间”等重要概念。20世纪60年代，后现代主义被提出，并在哲学界、艺术界、建筑界等有所表现，后现代主义质疑理性，倡导个性艺术走向大众，同时公众对公共空间的权利要求开始觉醒，部分国家开始设立公共艺术基金，开展公共艺术竞赛和作品征集。

20世纪70年代末至80年代是我国公共艺术发展的转折点，此前，公共艺术发展处于停滞状态，题材也通常以领袖像和社会重大事件为主。受内部与外部双重环境的影响——一方面在全球化的背景下，国际艺术思潮进入中国，另一方面中国社会内部面对剧烈变革与转型，体现出文化建设的需要，1979年，由张仃、袁运生、袁运甫等艺术家共同创作的首都国际机场壁画打开了中国公共艺术的大门，成为中国当代美术史上的一个里程碑。

20世纪80年代中期，以西方抽象主义、人文主义和自由主义为基础的“85美术新潮”运动打破了传统的重重壁垒，开启了艺术多元化发展的新时代，自由创作、求新求变成为艺术家的时尚标签，由此诞生了一大批略显粗糙但观念新颖、题材独到、充满锐气和活力的作品。同时，在这场美术运动中展开的各种批判与反思为后续的学术理论奠定了基础，艺术公共性、艺

术市场等问题被提出。

20世纪90年代之后，随着中国城市化建设和民主化进程的发展，人们的公共空间意识日益强烈，开始广泛关注环境、历史文化保护、公共设施等问题，人们期待居住在诗意的空间，而非千篇一律的钢铁水泥城市。同时，在政府的倡导下，全国范围内也开始评选宜居城市、园林城市、卫生文明城市。在这种背景下，公共艺术作为城市形象塑造、城市环境创新的一种实现方式受到越来越广泛的关注。随着学科建设和人才培养，公共艺术的创作也从单纯的壁画师、雕塑家单独完成发展成艺术工作者、建筑师、景观设计师、规划师共同协作完成。

20世纪90年代的深圳在公共艺术的建设措施方面走在全国的前列：1996年，深圳市南山区委、区政府规定，凡大型建筑必须拿出总投资的3%用于城市雕塑。这一举措在全国属于首例，对国内公共艺术发展意义重大。此外，北京虽高校云集，学术机构、学术活动的热度均居全国之首，但历届人大议案、政协提案中针对公共艺术领域的却极少。因此，1997年，全国政协常委、著名美术家韩美林提交了《关于在全国城市建设中实行“公共艺术百分比建设”方案的提议》。

20世纪90年代之后，公共艺术逐渐挣脱了意识形态的束缚，开始表达普通百姓的生活和心理，表现出题材上的多元性与空间上的开放性：多元性主要表现在创作题材在内容上突破了以往的限制，全面丰富起来，在形式上写实、抽象、装置等并存；开放性主要表现为公共艺术表达空间的放开，公共艺术从美术馆、博物馆、展览馆等室内空间走向公园、广场、社区、街道等开放空间。

《2016预测报告之公共艺术：“跨领域”的公共艺术新取向》提出：（1）城市公共艺术的多元化。在批评家殷双喜看来，当代公共艺术的概念已经发生变化，它不再是一个台子上放一个名人像，现代雕塑中的雕像不再是高高在上的，而是和公众进行平等的对话，形式的改变反映的是社会的变化。（2）公共艺术教育进一步完善。在批评家孙振华看来，公共艺术教育不是单一学科的教育，不是说学公共艺术的就只进行公共艺术学科的学习，公共艺术教育是如何看待艺术与社会关系的理论思维和实践途径的教育。（3）多媒体时代公共艺术更加“泛艺术化”。在景育民看来，“跨领域、跨学科、跨媒介”是公共艺术未来发展的趋势：“公共艺术作为当代城市文化形态建构的重要方式，‘跨界’的思维体现在与建筑、音乐、表演等不同领域文化形态的跨界结合。”

总而言之，中国早期的公共艺术实践，大多结合着公共权力的使用，表现为纪念碑艺术；

改革开放后，以城市雕塑、壁画为主要表现形式的公共艺术进入快速发展期；20世纪90年代，伴随着现代城市的急速发展，全国各大中城市热衷于兴建公园、广场等公共空间，不仅为市民提供了丰富多彩的公共环境，更为公共艺术提供了载体和空间。随着我国社会经济环境的不断改善，人们对生活环境提出了更多、更高的要求。科技的发展，照相技术、录像技术、多媒体技术等广泛应用，改变了人们的视觉范围和广度，新材料和新工艺的出现也使艺术作品颇具多样性和新奇感。公共艺术开始不仅限于单纯的城雕创作，当代的公共艺术越来越强调公众的体验、参与和互动，强调多元化和开放化属性，逐渐凸显“公共精神”的价值特征。

在国内公共艺术发展期间，理论界也开始出现了与公共艺术相关问题的研究。特别是20世纪90年代后，随着公共艺术实践的增多，国内相继出现了关于公共艺术批评、公共艺术理论著述、公共艺术研究等理论书籍及相关杂志，如马钦忠的《公共艺术基本理论》、赵志红的《当代公共艺术研究》、胡斌的《公共艺术时代》、王中的《公共艺术概论》、翁剑青的《公共艺术的观念与取向：当代公共艺术文化及价值研究》、邹文的《美术社会观：当代美术与公共文化》等，《公共艺术》杂志也于2009年由上海书画出版社创刊，公共艺术的学术舞台日渐丰富。同时，在中国各大美院、高校也随之开展了公共艺术教学和研究，如中国美术学院公共艺术学院、中央美术学院中国公共艺术研究中心等。各种公共艺术理论研讨会的开展，也在一定程度上促成了公共艺术研究氛围的形成。

然而，从公共艺术介入城市设计的角度来看，尽管公共艺术已经如火如荼地经历了长时间的发展，但真正参与到城市设计的项目并不多见。而对于公共艺术如何介入城市，大家依然莫衷一是，对于将公共艺术规划策划与城市规划共同开展的路径研究，也鲜有相关理论的支撑。我们纵观身边的城市、街道，看到的不是丰富多彩的世界，却是无一例外的雷同。虽然距20世纪50年代由美国城市研究专家提出城市设计的概念已经过去了半个多世纪，但从现实中发现，其关注城市规划布局、城市面貌、城镇功能的理想在很多方面并没有实现，尤其在关注城市公共空间这一方面。城市公共空间要求创造出既能引起审美愉悦，又能激励、体现城市文化的公共环境，并且具备可持续发展的理念，在这里，公共艺术由于其公共性、多元化的特征，成为了城市精神的体现者，城市文脉的延续者。公共艺术与城市公共空间密不可分，它为公众提供着近距离接触艺术的机会，反映着城市文化和城市公众的生活情态。可以说，公共艺术拥有着城市设计中不可或缺的艺术属性。因此，从城市设计的角度重新看待公共艺术的发展，将之纳入城市“大规划”的范围进行统筹考虑成为了迫切的需求。

1.2 公共艺术基本概念

The Public Space 公共空间
Public Art 公共艺术
Mass Culture 大众文化

公共空间在本质上是民主的，但是谁能够占有公共空间并定义**城市**的形象，是一个没有**确定答案**的问题。

——美国著名城市文化研究权威 沙朗·佐京（Sharon Zukin）

"公共艺术"由"公共"和"艺术"复合而成，却又超越了两者概念的总和，衍生出很多相关的概念，如公共空间、大众文化，如果想清晰明确地定义它绝对是一件很难的事情，还容易陷入盲人摸象的小格局里面，只见树木，不见森林。

1.公共

说起公共和公共空间，不得不提到古希腊、古罗马，其城邦政治为市民社会提供了发展的沃土，建构了历史上公共文明和公众空间的优秀典范，如古希腊的城市广场。

"公共"一词可以追溯到17世纪中叶的英国，到了18世纪，哈贝马斯提出了公共领域理论，该理论在将国家和社会分离的基础上，指出公共领域是存在于国家和社会之间的公共空间和时间，既不受国家政权的干涉，也不受私人利益的羁绊，人们可以自由发挥言论，讨论公共事务。此时的公共领域已经不同于古希腊时期关乎政治和国家的概念，还站在了其对立面上，直通大众生活和社会文化领域，成为公众争取自由平等的舞台，抗衡于国家权力。哈贝马斯的公共领域理论和后续的一系列著作，为公共艺术的诞生和发展奠定了坚实的基础。

2.艺术

自从人类诞生，艺术就和人类共存至今，作为人类最高级的体验和表达方式伴随着人类走过浩瀚的历史，艺术在不停的终结和新生之间得到永恒。

原始人类带着艺术的天性为后世留下了为数不多的山洞壁画。封建社会由于绝对君权和愚民统治的政治诉求而把艺术禁锢在少数“神圣空间”之中，如北京的紫禁城，它们和它们的遗迹至今被当作完美艺术的典范被后人瞻仰。

文艺复兴以及后续的启蒙运动成为艺术发展的转折点之一，艺术开始远离生活，成为精英阶层的特权，走向纯粹和绝对理性。远离生活的艺术只有尽头和终点，而无法绵延向前。

20世纪60年代后现代主义开始盛行，启蒙主义运动所提倡的“理性”被质疑，在艺术领域则表现为反对全球化风格、提倡人文与个性化，艺术开始跨领域和大众化，并逐渐渗入到人们的日常生活之中，艺术家开始重新思考如何用艺术表现社会问题，如种族问题、生态问题、弱势群体问题等。

3.公共艺术

公共艺术（Public Art）的起源一直以来存有争议，一种说法是起源于古希腊民主城邦，另一种说法是兴起于西方20世纪60年代。公共艺术，由于其公共性的特征呈现于公共空间，与个人的、私密空间相对立，在本质上是服务于民主社会、普罗大众的。古希腊、中世纪及君主制社会阶段公共艺术没有在公民中产生讨论性的空间，这是当时的政治制度的限制，因此在某种意义上是“前现代”的，真正现代意义上的“公共艺术”指的是20世纪第二次世界大战时期发展的公共艺术。美国在1933—1934年间雇佣了上万名艺术工作者，产生了数以万计的惊人的艺术作品。而在1965年，美国国家艺术基金直接以赞助公共艺术为主，作为艺术家在公共空间进行艺术作品创建的基金。城市设计延续了霍华德的“田园城市”、赖特的“广亩城市”、戛涅的“工业城市”、马塔的“带形城市”以及柯布西耶的“光明城市”的思潮，促进了人们对城市空间文化的思考。到了20世纪70年代，欧洲也掀起了迥异于以传统人物为主的城市雕塑，而介入了新的公共艺术现代语言的浪潮，特别是法国于20世纪70年代末提出“艺术在都市中”的城市建设主张。

公共艺术由于其公共性，注重于社会学与生态人文环境两个方面。中国的学者在这两方面也有不少的论述。皮道坚在《公共艺术：概念转换、功能开发与资源利用》一文中指出：“公共性不只是公共艺术的前提，毋宁说更是它的灵魂。毫无疑问，公共艺术首先必须关怀社会核心价值，必须通过舆论引导批评精神，因此，我们完全有理由说，一个时代，一个国家或民族的公共艺术体现着这个时代、国家和民族的民主与自由的程度。”这一论述直接体现了公共艺术不仅体现了功能与审美，还在社会学意义上，以公众需要为目的，成为社会交流的标识性空间，是一条塑造城市、国家与民族精神文明的纽带。

从生态人文环境来看，公共艺术偏重于服务建筑与周边环境，组织和改善空间结构，优化整体空间与环境状态，同时也作为以“人”为核心的城市文脉传承者，具体实施于整合原生自然资源、协调生态平衡、稳固公共关系三个方面。李永清在《公共艺术》一书中谈及：“公共艺术是以人的价值为核心，以城市公共空间、公共环境和公共设施为对象，运用综合的媒介形式为载体的艺术行为。公共艺术既不是一门学科，也不是特指一种艺术表现形式。”因此，公共艺术并非一般印象中城市角落的一个雕塑或者大型建筑，它的形式灵活，尽管在艺术圈内的人看来公共艺术具有本身的审美意义和艺术家个人价值，但考虑其“社会情景及多方位的期待——如社会与公民教育、历史纪念、文化传承、地域特征、道德传扬、景观功能等方面的要求和制约，即必须注重公众在观赏公共艺术时所形成的公共舆论和社会（包括政治）意向。”这一论述结合了公共艺术的环境需要与人文需要，将公共艺术的功能阐释得较为到位。

由于公共艺术既不是某一种易于界定的、特有的艺术形式，也未曾有过类似艺术宣言或其他事件作为出现依据，所以现今世界各国对公共艺术的基本概念还没有完全统一的定义和解释。2015年，在深圳举办的“公共艺术在中国”学术讨论会上，许多专家结合自身所接触到的研究和实践情况，对公共艺术的概念进行了梳理，以下是会上对公共艺术概念所达成的共识：

(1)从公共艺术的表现空间而言，城市公共艺术是“公共空间中的艺术”，主要指其作品设置场所需具备公共性特征。

(2)公共艺术是针对“公共性”的艺术，而“公共性”则与公共权力相关。

(3)公共艺术不是某种特定的、具体的艺术形式，而是所有能涵盖公众生活状态，并以艺术手段给予表达的城市文化现象。

(4)公共艺术是位于城市公共空间中，一切能唤起公众审美体验的事物：除常见的城市雕塑、壁画等艺术形式之外，还包括城市建筑、景观造型、园林绿化等。

(5)公共艺术中，对公众参与性的强调，是其有别于其他艺术种类的重要原因之一。

(6)公共艺术是艺术与城市公众进行对话与交流的一种方式，它体现了交流、共享、民主、开放的精神态度。

还有一些学者研究了西方发达国家20世纪30年代以来公共艺术的实践历程，总结出公共艺术的基本概念和特点，主要可以表述为以下几点：

(1)公共艺术是设置于公共空间（街道、广场等），直接面对不同阶层的社会公众而进行的自由参与、介入和欣赏的艺术。

(2)公共艺术作品(包括艺术景观、环境设施及其他一切公开进行展示的艺术形式)，具有普遍的公共精神：它关怀与尊重社会公共利益和情感，标示和反映社会公众意志及理想。

(3)公共艺术品的遴选、展示方式及其运作机制，充分体现着公共性。特别是艺术项目的立项、作品的遴选、建设及管理维护的机制均具有广泛的公共参与性，同时接受公共舆论的评议与监督。

(4)公共艺术品作为社会公共资源之一，可供社会公众共同享有。

我们认为，公共艺术在艺术从现代主义向后现代主义的过渡中获得了全新的生命力，艺术走向生活、面对公共，从精英艺术过渡成大众艺术，广义上包含视觉艺术（如绘画、雕塑、建筑、景观等）、听觉艺术（如戏曲、演唱等）、行为艺术、大地艺术、观念艺术等前卫艺术。公共艺术的核心价值在于其开放地包容普通大众和普通生活，不断发掘艺术和空间、艺术和生活的互动关系，深入参与时代精神的塑造和介入大众的内心世界。同时，永恒的批判精神、界面模糊性和多面延伸性为公共艺术提供了长久不竭的发展动力。

城市公共艺术强调从文化价值观出发，进而营造公共环境。作为城市文脉积淀和传承的重要载体之一，城市中的公共艺术作品在传续传统文化的同时，也激活了传统文化新的生命力，成为推动城市发展的文化因子——公共艺术不仅能为城市带来精神享受、公众性思考，甚至能为城市带来经济收益和社会的生机。西方发达国家给我们提供了不少鲜活的例子，可供我们参考。

美国20世纪波普（pop art）艺术家奥登伯格（Claes Oldenburg）通过对日常品的复制、等比例放大，将其制成雕塑，放置于公共空间，使其成为了地标性的艺术品。以普通物品为原型雕塑，将其材质和比例改变，用“陌生化”的手法产生戏剧性的效果，使人们反思日常生活。如“衣夹”，高达13.7米，矗立在高楼林立的小广场之中，在周围高楼的映衬下，其所带的弧度和比例使雕塑显得典雅华丽。这件作品是一个日用品在公共空间介入的先例，它一方面暗示了人类的渺小无知，另一方面希望人类怀有一颗谦卑的心。

《北方天使》（The Angle of North）为英国境内最大的雕塑，是著名雕塑家葛姆雷（Antony Gormley）具有代表性的户外地标作品之一。该雕塑创作于1998年，坐落在英国工业重镇纽卡斯尔。雕塑位于纽卡斯尔城的入口处，重达200吨，身高20米，两翼展开54米，宽度超过波音747飞机，通体为棕红色钢铁，屹立于英格兰绿色的原野上，昂首挺胸，气势磅礴。

纽卡斯尔是因煤矿兴起的城市，历经现代工业的洗礼之后，传统产业逐渐没落，导致该地出现劳动力外流、人口老龄化等社会问题。在制作雕塑时，葛姆雷选用了当地企业铸造的钢铁，不仅从文化角度上对当地曾经的黄金时代进行了纪念，更从经济角度为当地带来了商机，该公共艺术作品所需的原材料为当地居民提供了大量就业岗位，间接改善了一系列社会问题。此外，这件作品也成为当地最佳的观光资源。数据显示，2004年该镇的游客数量达到200万，该镇也被英国《卫报》及《观察家报》的读者选为最佳游览地点。之后，纽卡斯尔相继成立了当代美术馆与音乐馆，使这里由一个默默无闻的小镇，转型为一个艺术文化重镇。

优秀的公共艺术能够成为一个区域或城市的地标、文化中心，成为城市居民可以"诗意栖居"的公共空间。这不仅仅是审美层面的"点睛之笔"，有时甚至成为了城市凝聚的灵魂。19世纪晚期，美国芝加哥政府提出"城市美化运动"，该运动是以公共艺术为切入点进行城市建设的出色案例，通过公共艺术与城市设计的巧妙融合，使得芝加哥的城市形象得到了较大改善。进入21世纪，芝加哥的城市美化运动伴随公共艺术的发展进入高峰，建成于2004年的"千禧公园"便是典型案例之一。千禧公园的闻名，离不开经典的公共艺术作品"皇冠喷泉"。"皇冠喷泉"主体为黑色花岗岩制成的倒影池，两侧是以玻璃砖建成的建筑体。艺术家将芝加哥市民的面孔利用现代技术投射在15.2米高的LED屏幕上，两个大型影像屏幕每小时相继变换6个芝加哥市民的面部表情特写，并通过新媒体技术营造出喷泉从市民口中喷出的幻象。"皇冠喷泉"的创作过程也颇具代表性：为了采集这些影像资料，设计者普朗萨（Jaume Plensa）采取了样本采集的方式，他邀请1000位芝加哥市民做模特，分别拍摄记录下他们的表情，并将这些动态表情投射到玻璃砖砌成的建筑物表面，喷泉的水量也会随着画面的变化而发生相应的改变。位于南北方向的两座塔楼遥相呼应，成为互动媒体公共艺术的优秀案例。《时代》杂志称，"皇冠喷泉"已成为游客游览芝加哥的必去之地。

中国城市化进程步伐加快，中国的城市面临着转型发展的重要历史机遇，在资源紧缺、城市人口增长高预期的状况下，如何有效果、有策略地提升城市空间品质，增强城市软实力，化解快速城市化进程带来的千城一面的顽疾，是摆在城市规划建设者面前的一个重要课题。将公共艺术规划列为城市规划与城市建设不可或缺的组成部分，并整体思考城市规划与公共艺术规划的关系，对于城市品牌和城市形象的建立，对于城市美学及经济价值的产生，对于城市居民生活幸福度的提升都至关重要。希望通过国外这些公共艺术的案例，能为中国当今社会公共艺术发展带来一些启发。

1.3 城市设计与城市公共艺术

Urban Design 城市设计
Garden City 田园城市

要对“城市设计”进行精确的定义似乎很难，但同时我们在这些定义里都发现了公共艺术存在的价值。

19世纪末，城市设计作为一门独立的学科从建筑学和城市规划中分离出来；1956年，美国建筑师协会正式使用“城市设计”（Urban Design）；1990年，我国学者在“城市设计北京学术讨论会”上明确了城市设计以改善城市整体形象和美化环境为目的，是城市规划的延伸和具化，是深化的环境设计。

关于城市设计的概念并不固定，以下列出城市设计的一些主要观点。

《中国大百科全书》“城市设计”条目称：“城市设计是对城市体形环境所进行的设计，也称为综合环境设计。其任务是为人们各种活动创造出具有一定空间形式的物质环境。内容包括各种建筑、市政公共设施、园林绿化等方面，必须综合体现社会、经济、城市功能、审美等各方面的要求。”

另一种观点关注城市设计对于形态特色成长的长程管理的引导性。宾夕法尼亚大学教授乔纳森·巴尼特（Jonathan Barnett）曾说过：“城市设计是设计城市而不是设计建筑。”这指的是要在总体的范畴中考虑，而不是只考虑单个的艺术品（建筑）的存在。这种观点更为务实，有人总结道：“城市设计包括三个层次的内容：一是工程项目的设计，是指在某一特定地段上的形体创造,有确定的委托业主,有具体的设计任务及预定的完成日期，城市设计对这种形体相关的主要方面完全可以做到有效控制，例如公建住房、商业服务中心与公园等;二是系统设计，即考虑一系列在功能上有联系的项目的形体；三是城市或区域设计，这包括了多重业主，设计任务有时并不明确。”

但另外有些城市设计专家更偏重美学层面，如西特、小沙里宁等认为：城市设计是“放大的（扩大规模的）建筑设计”。

从城市设计的发展历程和城市设计理论来看，城市设计包含的内容随着城市建设和理论研究的变化，要对“城市设计”进行精确的定义似乎很难，但同时我们在这些定义里都发现了公共艺术存在的价值。

我们先以霍华德（Ebenezer Howard）的田园城市（Garden City）的理论作为例子，具体说明城市设计与公共艺术的关系。在《明天：通往真正改革的平和之路》中理想的田园城市的描写如下：

“田园城市应该包括城市和乡村两个部分。城市居民可以经常就近得到新鲜农产品的供应，农产品有最近的市场，市场也不限于当地。田园城市的城区平面呈圆形，中央是一个公园，有6条主干道从中心向外辐射，把城市分成6个扇形地区。在其核心部位布置一些独立的公共建筑（市政厅、音乐厅、图书馆、剧场、医院和博物馆），在公园周围布置了一圈玻璃廊道用作室内散步场所，与这条廊道连接的是一个个商店。在城市半径线的靠近外面的三分之一处设一条环形的林荫大道，并形成补充性的城市公园，在林荫大道的两侧均为居住用地。在居住建筑地区中，布置了学校和教堂。在城区的最外圈建设有各类工厂、仓库和市场，一面对着城区最外层的环形道路，一面对着环形的铁路支线，交通非常方便。”

这段文字中所提到的“公共建筑、公园、林荫大道，廊道”等都属于公共艺术的空间载体，如果将霍华德的“田园城市”中公共艺术的部分拿掉，只剩下了住宅和道路，“城市”的概念无从谈起。由此可见城市规划离不开公共艺术的配合。

之后，西方发达国家在城市的发展中陆续出现了诸多通过公共艺术来对城市空间及建设品质加以提升的探索先例。例如，19世纪末，美国芝加哥提出了“城市美化运动”，并将之落实于1909年芝加哥规划。由此，以公共艺术为抓手的城市活动迅速发展，使得城市形象大大改善。美国纽约则于20世纪60年代提出“公共艺术打造城市品牌，塑造城市形象”理念。法国在20世纪70年代提出“艺术在都市中”的建设主张。西班牙巴塞罗那20世纪80年代提出“将博物馆搬至街上”的口号。日本、意大利、丹麦、挪威、英国等国，均通过提出公共艺术建设等措施，大力促进本国城市建设品质的全面提升。

1.4 中央城市工作会议与新型城镇化之后的公共艺术建设思路

Urban Culture 城市文化
Village 乡村

通过整体的**规划策划**方案，将**公共艺术**引入**城市设计**。

2015年，中央城市工作会议指出："城市设计是城市规划的重要组成部分，新时期开展城市设计，建立城市设计与城市规划全挂钩的工作体制，必须改革完善规划管理工作，将城市设计作为完善城市规划、落实城市规划、提升城市规划可实施性的重要手段。"在城市规划中，城市中的街道、公园、广场、滨水地带、标志性建筑、特色历史街区等公共空间，经过良好的规划、设计与建设，都能成为城市公共艺术的绝佳载体。在这些城市空间中，利用公共艺术进行美化、提升，对文化进行全新的解读与塑造，是实施城市设计工作的良好手段。通过整体的规划策划方案，将公共艺术引入城市设计，结合城市现有的情况，以本土资源为基础，开创、整合城市公共空间，是探索、提升公共空间品质的重要手段之一。中国城镇化的步伐从改革开放以来已经走过了近四十载，这个会议的召开显得意义深远。

首先，我们要认识到城市文化与农村文化及其他非城市形态的文化有诸多不同，一般体现为以下几点：（1）社会化与集约化的程度很高。由于城市中商品化程度和各种专业性、互补性的配套服务高，使得城市居民在很大程度上摆脱了自给自足的生产及生活状态。（2）异质性与竞争性。城市人口的来源和成分组合较乡村更具复杂性和异质性，如体现在阶级、职业、民族、宗教及经济收入、受教育程度等方面，也存在城市“亚文化群”。由于它们之间或相同社群内部的交流、碰撞和存在的矛盾性所必然出现的社会竞争，使得城市生活形态和生活方式呈现出高度的丰富性和差异性。（3）开发性与创造性。由于城市生活与生产中的人主要是与非自然化的人造物质形态和技术形态相互作用，其知识和技术的开放，累积与发明的进度，以及（由于在市场流通和工业化生活的消费环境下）文化的变更和创造概率都远比乡村社会更高。（4）互动性和多变性。由于城市社会物质与文化资源的高度集中和快速流动的缘故，城市社会的内部在技术、市场和生活方式及思想观念方面易于受到外界影响的同时，又不断地影响着周围的乡镇。

在城镇化的过程中考虑这些差异是必经的途径，如何将公共艺术融入到城市不同于乡村的特质中，也是建设思路不可缺少的部分。2016年，国家作出了关于推进特色小镇建设的部署，国家发改委、住建部、财政部联合发布了《关于开展特色小镇培育工作的通知》，其对推进新型城镇化，建设生态文明，城乡统筹发展，全面建成小康社会，促进国家可持续发展具有十分重要的战略意义。特色小镇对解决大城市病和乡村萎缩问题，对传承优秀的传统文化和地域文化都有积极意义。国家第一批特色小镇评定标准提出了5项培育要求：特色鲜明的产业形态、和谐宜居的美丽环境、彰显特色的传统文化、便捷完善的设施服务、充满活力的体制机制。其中和谐宜居的美丽环境直接和公共艺术相关联，从2000个特色小镇的规模来看，公共艺术发展前景光明，广阔天地大有可为。

2016年中国国内生产总值（GDP）位居全球第二位，而在20世纪90年代初期，中国GDP在全球排名尚未进入前十位。如今，中国经济发展已然踏入由量变到质变的关键时间节点，历史赋予了我们实现中华民族伟大复兴的时代舞台。经济发展的同时，文化自信屡次被提及，文化自信能带来价值认同，能激发全民奋发进取的勇气和上下一心的决心。由于公共艺术的公众属性，存在于公共空间之中，直接面向公众，对公众有一定潜移默化的影响力和互动性，对中国传统文化的传播和发扬有着一定的导向作用。如天安门广场的人民英雄纪念碑，其上的浮雕表现了从1840年鸦片战争到1949年中国革命胜利的全景图，公众漫步在这个庄严的广场上，不仅可以强烈地被中国近现代历史中为人民解放和人民革命而牺牲的人民英雄们的大无畏革命精神所感动，更会坚定地沿着先烈的足迹奋勇向前。

第二部分 国内公共艺术案例分析

公共艺术积极突显“人”的价值和意义，并尊重市民阶层的独立意识，同时鼓励市民参与公共艺术过程，这是 20 世纪 90 年代后期一些著名公共艺术项目的特点。这种问事于民的艺术实践态度，反映了中国社会和文明的进步。

Public art at that time actively highlights the values and significance of “human beings”, while respecting the sense of independence of citizen stratum and encouraging the citizens to join in the public art. That reflects the features of some famous public art projects at the latter years of 1990s. This artistic practice attitude of people-oriented displays the progress of Chinese society and civilization.

2.1 城市公共艺术建设现状

The Public Space 公共空间
Public Art 公共艺术
Mass Culture 大众文化

当今中国公共艺术的现状是丰富多彩，也是纷杂混乱的。

在20世纪50年代以来，中国的城市化进程经历了反城市化阶段（1950—1976年）和城市生长初级阶段（1978—1996）这两个显著的大阶段。在反城市化阶段，由于农村社会传统的历史惯性，以及当时经济资源的短缺（包括优先发展重工业为主的战略政策和政治的动荡），导致了中国90%的农村人口被种种政策和制度限制在乡村的土地上，并一度迫使城市人口向农村倒流，从而严重阻碍了中国社会城市化进程。改革开放以来，中国的政策大范围改变，当代城市化与经济建设飞速发展，各大主要城市以及沿海地区的商业、房地产业、娱乐业等有了空前的飞跃，城市居民日益增加，市民文化日益丰富，公共艺术在这个背景下出场了。

中国公共艺术也与城市化进程同步，发展了近四十年。温故知新，从过往的历史中，我们可以重新认知并开拓公共艺术发展的思路。

公认的中国的公共艺术开端可以追溯至1979年的首都机场候机楼壁画。美术史学家邹跃进先生将“机场壁画”作为“艺术形式上探索的一个成果”，在选题上回避了在很长一段时间内广为流行的政治题材，选用了没有任何政治含义的民族风情、科技、神话故事与自然风光，如袁运生的《生命的赞歌》和《巴山蜀水》、张国凡的《民间舞蹈》、祝大年的《森林之歌》、张仃的《哪吒闹海》等。强烈的装饰情调、抒情的艺术风格与这些轻松、明朗、欢快的主题相呼应，满足了公共空间中普通群众的审美需求，成为了中国壁画的一个范本。

20世纪90年代，民众对雕塑、壁画等的理解开始变得宽泛，这些艺术作品作为单体形式而存在的界限被打破，成为了环境的有机组成部分。当时，中国公共艺术发展正处在关键阶段，公众的积极参与，公共艺术的商业性与服务性并存，促使了多元与开放的公共艺术发展环境的形成。公共艺术的概念开始得到广泛的推广与运用，相关的理论研讨也逐步展开。不过，具有当代意义的中国公共艺术研究主要从20世纪90年代中期开始。20世纪90年代后期，中国的城市化进程加剧，开始了从量变到质变的转型，公共艺术实践也进入迅猛发展的阶段。一些沿海发达城市在经济发展的影响下，赋予了公共艺术公众化和福利化的特征，雕塑公园的出现正是这个趋势的开端。

当时的公共艺术积极突显“人”的价值和意义，尊重市民阶层的独立意识，同时鼓励市民参与公共艺术过程，这是20世纪90年代后期一些著名公共艺术项目的特点。这种问事于民的艺术实践态度，反映了中国社会和文明的进步。

1999年的群雕作品《深圳人的一天》，真正做到了艺术来源于生活，又融入生活。这个作品用18个不同行业的普通人作为模特翻模，如外来退休老人、医生、打工妹、公务员、清洁工等，所雕人物栩栩如生，并在人物旁边配有铭牌，记录该人物的真实姓名、籍贯、职业、年龄等个人信息。群雕的背后是一块浮雕，上面刻了深圳“那一天”的生活，如天气、股票、外汇、电视节目表等。作品以群众为模特，让公民参与到了公共艺术的讨论之中。同时，深圳是经济特区，是中国第一批发展起来的城市，群雕抓住了其流动人口多、行业丰富等特征，符合深圳这一城市的环境特质。

《深圳人的一天》之后，从北京王府井街头的铜人，到成都春熙路的美女雕塑，以普通市民生活为题材的公共艺术日益炙热，它们改变了以往雕塑与大众的关系，雕塑不再被艺术家束之高阁，令人难以接触，而是用民众熟悉的形式与内涵，走进了公众的视野与生活。至此，城市雕塑也成为人们较为熟悉的公共艺术形式。

进入千禧年后，公共艺术所要考虑的范围扩大，不仅是艺术作品的多样化，对周围环境空间的考虑和功能性方面的要求也有所提高，出现了各种独具特色的公园、博物馆、广场、剧院等公共场所。

金华燕尾洲公园位于浙江省金华市金华江、义乌江与武义江三江交汇处，公园的空间区域也需要联系的纽带，步行桥就是在这样的一个环境下出现的。步行桥采用了当地的人文景观（民俗文化中的“板凳巧”）作为设计灵感，将园区的各个生态空间及城市与公园这个跨越性的空间有效结合起来，在生态景观中体现及运用人文景观，增强了人们对当地文化的认同感和归属感。步行桥在设计时同样考虑到了地形高差，做到了错落有致，突出了设计的形式感。在建桥材质的选择上，从生态环保角度出发，选用了环保材质竹木进行铺设，步行桥栏杆则选用新型的透光玻璃钢材料进行建设。公园的另一大特色是防汛梯田景观堤。由于金华年降水量充沛，防汛自古以来都是金华城市建设中所要考虑的重中之重，所以此次设计同样以防汛为主，同时艺术地采用了具有不同安全级别的可淹没的防汛地堤岸替代传统的硬性式驳岸，使城市景观看上去更具灵动美感，同时还改善了湿地生态系统的连续性。此次方案还首次尝试将先进的种植技术引用到防汛工程当中，采用梯田的形式将田园风光带代入钢筋水泥的城市中，构成一种“新型城市景观”，丰富了防洪堤的景观效果。燕尾洲公园结合了生态、审美、历史、文化多个层面，体现了中国当下城市设计与公共艺术的功能性结合，符合居民的多方面需求。

公共艺术如今遍地开花，表现为城市雕塑、壁画、标志性建筑等常见形式，成为一个城市的名片，如上海“东方明珠”，广州塔“小蛮腰”，都与当地的江流、灯光艺术结合，体现了城市快速发展的经济和日益多元化的精神需求。

但有时，粗劣、不合时宜、不合地貌的公共艺术项目也会成为城市形象的污点，乃至成为群众茶余饭后的笑料。这些建筑的产生体现了设计师审美的偏差，建筑设计过于具象，不以功能性为出发点，更无法提及公共性与地域性了。而城市雕塑也常常缺乏特色，最常见的是不锈钢材质的几片飘舞的丝带造型加上一个圆球，放置在花丛之间，就成为城市雕塑，根本无法体现雕塑所承载的文化价值。针对以上现象，总结为以下几点：

（1）公共艺术缺失历史文脉。公共艺术在中国兴起不过三十多年，这三十多年的探索以及大规模的公共艺术生产产生的一大问题是：公共艺术对于城市来说，浮于表面，没有体现城市的深层内涵。艺术在此成为了一种批量生产的模式，而没有体现区域价值，没有民众参与，就如直接将品质低劣的抽象雕塑作品从艺术家工作室搬到了户外。

（2）制度不健全导致公共艺术规划、保护、资金链等方面出现一系列问题。早在1965年，美国就正式成立了“国际艺术基金会”，第一年预算240万美元，至1989年预算增长至1.69亿美元。随后美国30多个州政府先后以立法的形式推动公共艺术的建设，规定无论是政府建筑还是私人建筑,其总投资的1%必须留给艺术，即所谓的“百分比法案”。20世纪80年代开始，英国出现了专门从事公共艺术运作的机构，如“公共艺术发展信托机构”“艺术天使信托机构”“公共艺术委托代理机构”等。日本效仿美国“百分比法案”，在20世纪80年代开始立法，将建筑预算的1%作为景观艺术的建设费用。此外，在城市公共艺术的设立和社区公共环境的管理方面也有非常详细的规定。

而中国的公共艺术还未成立相对应的机构，管理层的流动使得一个项目的完成无法得到保证。公民也很少直接参与到公共艺术项目的建设上来。在这种制度不健全的情况下，资金链随时会断裂，后期的保护工作也无法保证，并且调整周期较短，使项目在初期规划时就不够慎重。

（3）审美性在国际视野中的矛盾。随着社会发展和时间推移，诞生于国外的消费主义、后现代主义、波普艺术等都一起涌入了中国，这既是机遇又是挑战。机遇来自公共艺术受到国际化启发带来的灵感，而挑战则是国际化的审美大潮有可能会消磨中国的本土性和历史感，这也是民族性在全球化中求生存的问题。

优秀的案例如四川美术学院群雕《收租院》获得了全国美术作品展览大奖，它以具象的手法形象地刻画了地主收租的场景，立足于中国的历史背景，雅俗共赏。但是优秀的中国传统雕塑和建筑越来越稀缺，在公共艺术中传统的理念与手法也体现不足，更多的是当代波普、后现代等风格。

（4）科技的挑战与新媒介的介入。在当今的网络时代，信息越来越发达，媒介也越来越丰富。由于公共艺术公共性的特征，单一的雕塑、壁画等固态的公共艺术形式很难做到群体性参与，但多媒体技术可以弥补这一不足，将语音、影像等加入公共艺术之中，使大众更容易也更乐意参与其中，如《北京 · 记忆》就是一个很好的公共艺术互动案例，我们在下文中会详细解读。

无疑，当今中国公共艺术的现状是丰富多彩，也是纷杂混乱的。因此，更需要优秀案例给予其探索启发，先进理论给予其理念指导，包容管理给予其现实支持。

2.2 国内公共艺术项目案例调查分析

Square 广场
Park 公园
Street 街道

2.2.1 广场

在现代生活中，广场随处可见。顾名思义，广场即指面积广阔的空间场所，特指城市中的广阔场地，由城市中建筑、构筑物围合而限定的空间。古代的人们就曾经活动于具有广场雏形的空间内，如西方的古希腊城市广场，东方的仰韶文化遗址中也具有广场的形态。广场是人们进行政治、经济、文化等社会活动或交通活动的场所。随着现代城市化的快速发展，广场常常扮演了城市中心的角色，成为了一个城市的公共中心、政治中心、娱乐中心，如北京天安门广场、莫斯科红场、布鲁塞尔大广场等。在一个城市中，广场所占面积虽然不大，但它的地位和作用很重要，是城市规划布局的重点之一。同时，城市广场是城市文化的一个窗口，以多元化的艺术形式为大众呈现其公共艺术的魅力，向人们展示着城市文化，品味着历史情怀，体现着时代气息。不同的功能价值定位，使得广场各具特色。但是，广场的公共艺术形式与其他公共艺术相似，共通性在于功能与审美的结合。

从社会功能上，我们可以大体将广场分为以下几类：

文化广场：因某种特定文化而设计，传达历史情感、民俗情趣、宗教习俗等；

集会性广场：如市政广场、宗教广场等；

纪念广场：为纪念某一重大历史事件而设计；

商业广场：集市、商贸广场、购物广场等；

娱乐休闲广场：主要在居住区，为人们提供休闲、娱乐、休憩的场所；

公共集散广场：主要起到交通枢纽调节作用，是人流、车流集散的场所，如站前广场、交通广场等。

案例一

上海五角场下沉式广场

位于江湾风貌保护区的上海五角场下沉式广场，是城市广场注重经济意义的典型范例。它开始运营于2006年，2015年正式命名为“五角场广场”，2016年进行改造并重新开放。在运营之前，上海市规划中心就将五角场定位为城市副中心、城市商业中心及公共文化中心，凸显杨浦大学城公共活动，打造集办公、金融、商业、文化、高科技研发、体育及居住等为一体的综合性市

级公共活动中心。因此，五角场广场的设计在功能性意义上被赋予了特殊的定位。

设计单位在对五角场附近的历史、现状、未来规划等方面做了全面调研之后，形成了现行方案。在设计过程中，如何消除复杂的公共交通系统对广场产生的负面影响成为设计团队面临的最大问题。原有的中环线高架桥横穿五角场，将其中的大型商业区切分为南北两部分，打破了五角场的围合关系，对商业中心产生负面影响，同时也破坏了这一区域的城市形象。

为突破这一难点，项目创新性地提出将跨越下沉式人行广场中近百米的高架桥体“包裹”起来。图中这个巨大的椭圆形球体成为整个设计的原点，人行广场、地上人行入口、环形水幕与之融为一体，一个完整的具有公共艺术美学经济意义的城市景观体系由此产生。为什么这样说呢？第一，这一项目的初衷是为解决城市发展的具体需求，但公共艺术手段的介入，赋予五角场地区一个全新的城市形象，不同范畴的感观体验都融入“整体艺术效果”设计中；第二，下沉式广场不仅大大增加了活动空间，而且中心地带设计的光影互动地面也极富有创新特色；第三，自然流动的发散型结构充分延续“彩蛋”的形态，它所营造的“孵化”体验，在城市夜晚灯光作用下，完美呈现无与伦比的现代城市之美。

广场不仅需要解决基本的人流交通的功能，更需要创造文化娱乐的公共空间。公共艺术要参与到整个广场空间设计中，使之自然和谐、鲜明活泼，不受束缚，具有美学经济、审美、生态价值，能够营造出与公众互动的整体良好效果。五角场广场在设计中就充分体现了它的生态性、先进性、纪念性和娱乐性。

这个开放、创新、充满活力的超级公共艺术景观以动势为主题营造出极大的视觉冲击力，下沉式的设计将空间利用最大化，为拥挤的城市设计注入新的理念。无论是从商业还是文化的角度，五角场广场作为商业广场与公共集散广场，都为城市建设者和艺术家开创了一种成功的模式。可以说，五角场广场是上海市规划的一个品牌战略的商业综合体，具有代表杨浦区的象征意义。

案例二

杭州日月同辉广场

杭州自古就是我国东南地区的文化经济重心之地，地处京杭大运河南端、长江三角洲核心地带，天然的地理优势为杭州的发展奠定了基础。改革开放以后，杭州的经济发展速度我们有目共睹，随着二十国集团（G20）领导人峰会的举行和亚运会的筹备，杭州的国际形象进一步提升。

如果说，过去杭州的城市名片是西湖，那么可以说，现在以钱塘江为根基的新城发展的名片是日月同辉广场。

日月同辉广场以其匠心独具的设计理念赢得世人的瞩目。它正式建成于2009年，两个主体建筑分别为杭州大剧院和国际会议中心。大剧院造型独特巧妙，形似一弯迷人的弦月；国际会议中心宏伟雄奇，恰如钱塘江畔升起的一轮金色太阳，二者共同生动诠释了“日月同辉”的自然蕴意。在“天圆地方”的理念下，另一部分

的主要区域则是市民中心，由中心六座环抱的建筑、行政场所和四周四座方形裙楼构成。

杭州国际会议中心与大剧院有所不同，在设计中，更多的是考虑它的实用功能性和在城市规划中担当的使命。所以，杭州国际会议中心的设计，不仅有效整合了大剧院周边的外部空间，与市民中心、大剧院形成三足鼎立，从而达到呼应、协调、完整、统一；也实现了地理环境、功能要求所设定的开放性、包容

性、活力场所的打造。它是功能与形式高度统一的成功之作。

采用钢结构建设，高达85米的杭州国际会议中心是以举办大型国际性会议和白金五星级酒店为标准进行设计的，是目前国内面积最大的会议中心。随着G20峰会的举行，杭州国际会议中心已成为杭州新的人文景观。

两大主体建筑连同供市民使用的杭州图书馆、杭州市青少年活动中心、杭州市城市规划展览馆、杭州市市民服务中心等组成的日月同辉广场成了游客、市民游玩聚集的热闹繁华之地，尤其是夜色下的广场更是美轮美奂。在夸赞西湖胜景的同时，人们也开始惊羡钱塘江新气象的风景独好。

日月同辉广场是大都市下的城市新景观，不仅体现了新时代特点，还体现了浓厚的人文情怀。在广场周围的建筑中，杭州图书馆尤其表现了这一特点。从2003年起，杭州图书馆就允许乞讨者和拾荒者进馆阅读，在阅读面前，没有等级，没有差异，开放的管理体现出平等的人文精神，这也是日月同辉广场公共性的体现。

案例三

天府广场

位于成都市经济、文化、商业中心的天府广场，落成于2007年，总占地面积8.8万平方米。它的特色在于其文化符号、元素、人文特质等均从本地文化中汲取，展现了千年古城的魅力。广场分为东广场、西广场两大部分，由广场上太极云图中部的曲线分开。东广场为下沉式广场，西广场主要为喷泉景观。

在成都这片土地上，曾经的古蜀文明显赫一时。成都，人称“天府之国”，自古以来就是人文荟萃之地，也是道教圣地。据传老子就降生于青羊宫，而青城山也被誉为四大道教名山之一。成都有着说不完的蜀文化，有着数不尽的风景名胜。天府广场的景观如太阳神鸟、鱼眼龙腾喷泉、黄龙云形水瀑、乌木雕刻立碑等等，都是从其中演绎而来。

广场的太极云图正是对道教阴阳太极的体现。巨大的太阳神鸟造型位于太极图案中心，其灵感来源于金沙遗址出土的太阳神

鸟金箔。它的设计生动再现了远古时期“金乌负日”的神话传说，表达了对人类生生不息的讴歌赞美。鱼眼龙腾喷泉则利用了长江和黄河的文化象征，寓意着新时代的腾飞。黄龙云形水瀑仿九寨沟、黄龙景区，设计梯田的地势落差，造就了水瀑的壮观。雕刻立碑刻有《成都颂》《天府广场记》，分别立在南面的两侧，向人们讲述了古蜀文明和今日四川的辉煌发展。

环绕四周的12根文化图腾柱和12个文化主题雕塑群是天府广场中的主要环境艺术设施。文化图腾柱直径1.2米，高12米，蔚为壮观。文化图腾柱的主体采用金沙遗址出土的内圆外方形的玉琮为主造型元素，三星堆出土的顶尊底座为图腾柱的基座造型，上下部和两侧的装饰纹则来自金沙的眼形器纹和三星堆的云纹。除此以外，图腾柱的顶部设计了LED激光演映球屏，球体表面隐饰的是太阳神鸟的暗纹。可以说，天府广场的每一个细节都体现出一股浓厚的巴蜀文化气息，而其中又不乏新的设计手段、元素的成功融合运用。

当然，天府广场也存在一些不足，作为以交通休闲为主要功能的综合性广场，在使用上与公共性、服务性等方面仍有一些缺陷，如周围交通带来的安全隐患、绿化不足、街道家具过少等问题。

案例四

通州运河文化广场

围绕着京杭大运河设计的运河文化广场有两个，其中之一的通州运河文化广场是在京杭大运河的北终点——北运河遗址上修建的。广场现位于通州区东关大桥北侧，总面积近53公顷。它不仅具有纪念中国古代杰出的运河文化、展现古代劳动人民智慧的作用，还为人们营造了一个丰富多元的休闲场所，集保留历史传统与改善绿化环境、丰富市民精神生活于一体。

我国大运河的开凿修建是世界上最为杰出的工程之一，它基本贯穿了华夏文明史。京杭大运河是在隋唐大运河的基础上进行改道修复的，对我国经济的发展起到了重要作用。通州运河文化广场即以京杭大运河为依托，广场保留原有的3间牌楼，牌楼上题写着“运河文化广场”，是广场南入口的标志物。进入广场，正中设计了一条千年运河步道，并以“千年运河”为主题，在主路中间铺展五六百米长的花岗岩石雕，向人们讲述运河的辉煌历程。另外，通州燃灯佛舍利塔是通州的标志性建筑，为了

强化这个运河标志，设计了一条指向燃灯塔的轴线，使人们可以由此轴线眺望运河对岸的古塔。

在保留浓厚的运河历史文化的同时，广场在设计中还融合了现代元素，如广场北端的高大雕塑、东部林区内预留的雕塑园，不乏艺术作品带来的现代气息。

运河文化广场充分利用运河的水道，致力于滨水环境的营造，最大特点就是“水”元素的运用，如在漕运中诞生的五个主要码头的恢复、沿岸绿带内部景区多主题水景的设计等。在设计中，注重每一个细节，将漕运文化元素、北京地理气候环境、游人观赏体验、城市生态保护、水资源节约、景区维护等都一一兼顾。

综而述之，通州运河文化广场凭借独特的文化资源，以传承漕运历史文脉为出发点，具有历史纪念意义，又很好地实现了城市生态、可持续发展的要求。

我国的青铜器冶铸技术已有数千年的历史，取得了辉煌的成就。我国第一个以青铜器文化为主题的广场是鄂尔多斯青铜器广场，它位于鄂尔多斯东胜铁西新区，总占地面积10.4万平方米，分地上、地下两部分，布局对称，主要由日穹、月镜、青铜群雕等建筑设施组成，是集休闲、商业、娱乐等于一体的大型商业休闲设施。

案例五 青铜器广场

青铜器广场以“军心似铁，感召日月”为原点，由日穹、月镜两个主体建筑集中体现。日穹的半径是以“太阳”为造型的钢结构金色穹顶，饰以民族元素、青铜纹理；月镜是以“月亮”为造型的钢结构，历史文化内涵与现代手法结合，两者对称呼应，成为焦点。

位于广场景观轴的南端，有一座休闲亭，顶部的“胡冠”是根据出土的匈奴金冠样本设计打造的，金冠上昂首傲立的雄鹰与休闲亭表面的图案，展现了蒙古族彪悍的民族性格，突出了地域文化特色。广场内的雕塑极其丰富，多达52种、

91件，按类型分有兵器工具用器、装饰、车马器、动物等，大多采用圆雕、浮雕、透雕等装饰手法。这些青铜雕塑造型生动形象，表现丰富，各具特色，如一幅幅画卷，真实再现了青铜器时代和古代牧民的草原生活，把草原文化的崇尚生态、崇尚自由、崇尚英雄的文明演绎得淋漓尽致，达到了历史再现与文化内涵融合、艺术与功能共生的效果。

青铜器广场从青铜器文化与古代游牧文明汲取特色，充分运用了园林造景的手法和现代艺术理念，既展示和发扬了青铜器文化，又还原了游牧民族的历史文化，使人们感受到其中生动、奔放、野性、自然的生活气息，对人们了解多民族的中华文化提供了支持与帮助。但是，广场在设计中也存在一些不足，如植被不够，缺乏水域的设计，导致生态环境干燥，没有达到理想的舒适度。同时，水泥、雕塑的清一色设计显得有些单调，也缺乏与群众的互动。

案例六

鄂尔多斯成吉思汗广场

康巴什新区位于鄂尔多斯市的中南部，其在鄂尔多斯市的地位越来越重要，新区的规划也因此具有显著的特色。它立足于当地的蒙古族文化，以城市轴线为中心，沿轴线向北是鄂尔多斯市委、市政府办公大楼，沿轴线向南则直达乌兰木伦河，轴线两侧则是办公、商业、文化场地，整个轴线长达近3千米，成吉思汗广场则是这条轴线上的重要设施。

据传，成吉思汗西征途经鄂尔多斯，将这里选为自己的长眠之处。成吉思汗广场的规划与以蒙元文化为基础的思路契合一致，文化建设与城市建设一同规划，同步实施，以成吉思汗为主题，体现城市的唯一性、民族性、特色性的规划理念。

成吉思汗广场位于市政大楼前，与城市轴线的自然地理环境、定位要求相协调，团结、家乡、自然3个鲜明主

题，由北向南，由规则逐渐过渡到自然，有内容，有变化，构思十分巧妙。邻近市政大楼的“团结主题”寓意响应党的号召，维系蒙古族的内部团结，共同进取；“家乡主题”“自然主题”则展现蒙古族悠久的历史文化精髓和自然风光丰富的草原文明。

成吉思汗雕塑群从设计到打稿再到呈现，用时两年，于2006年8月成吉思汗登基800周年之日，落成在成吉思汗中心广场。整个雕塑群共有五组，分别是《闻名世界》《一代天骄》《草原母亲》《海纳百川》和《天驹行空》。各组雕塑都有其深厚的含义，如《闻名世界》歌颂了成吉思汗戎马一生的辉煌成就，寄托着深深的民族自豪情怀；《一代天骄》寓意着成吉思汗传奇一生经历的磨难，烘托出坚韧不拔、百折不挠的精神；《草原母亲》借传统故事表达团结奋进的诉求；《海纳百川》渲染出成吉思汗广阔的胸怀和气度；《天驹行空》巧借成吉思汗的两匹骏马，象征着和平自由，还预示着鄂尔多斯经济的腾飞。总之，成吉思汗雕塑群以蒙元文化为主脉，以雕塑为载体，再现历史，传承历史，将地域特色、人文特色、民族特色、文化特色融于其中，展现中华民族团结、一往无前的气势和大无畏的民族精神，寄托着对鄂尔多斯美好未来的憧憬与向往。

规模巨大、内涵丰富的成吉思汗雕塑群无疑具有其历史性、主题性与纪念性。而且，不论是其浮雕技术还是所用材料、人力，都罕有其匹。它也因此于2006年荣获全国优秀城市雕塑建设项目年度大奖，被誉为“新时期雕塑的奇迹”。

案例七

贵州印江书法文化广场

众所周知，中国的书法文化源远流长，延绵至今，是世界文明史上一颗璀璨的明珠。而利用书法文化打造的广场中，贵州印江的书法文化广场就很有特色。印江全称为印江土家族苗族自治县，位于贵州东北部。自明代起，印江书法文化便发展迅速并普及民间，诞生了周冕之、王道行、周以湘、严寅亮等著名书法家，至今印江书法活动仍然十分活跃，深受当地民众欢迎。印江书法文化广场位于印江县城西侧，面积达10万平方米，主要有主题标识区、中国书法历史区、书法作品展示体

中國書法之鄉印江

验区、贵州书法区、国际书法区五大区域，主题鲜明，各具特色，其中融入文房四宝、朱砂、印鉴、历代书法流派大家及其代表作等元素，有书法长廊、亭台、雕塑等。它的规划设计体现了国际视野的定位，抓住了印江的文化特征，运用公共艺术的表现手法，目的在于打造国内一流的书法文化广场。

书法本身就具有丰富多样、雅俗共赏的特点。印江书法文化广场在这个基础上，充分运用公共艺术语言的丰富性，采用多元化的表现形式，如运用不同的材质、灯光、色彩、肌理等，或抽象或写实，尽可能营造丰富多样的视觉、触觉效果，丰富市民的体验。同时，各种书法大家的作品展示，虽然他们的书法风格不同，但都精彩绝

伦，再加以艺术化的再造，让人流连驻足。印江书法文化广场在生态与文化的结合上也较为成功。印江自身环境优美，在景观较少破坏的前提下，注入书法文化元素，使得广场的绿化面积达60%以上，其间绿树掩映，小道蜿蜒，河流环绕。

2016年，首届书法文化艺术节也在印江书法文化广场举行，以“书法之乡 · 养生印江”为主题，别具特色的表演、“书香印江”的穿插、系列书法文化相关活动的展开，向人们展示了印江的书法文化艺术特色和多姿多彩的民间文化，推动印江走出去。可见，印江书法文化广场在打造品牌声誉、增进区域文化认同感、发展经济及文化方面发挥着重要的作用。

案例八

营口山海广场

营口山海广场属于城市公共开放型滨水区，是国内滨海城市广场的典型。它位于营口市开发区西部海滨旅游带，建成于2009年，连接了南北海岸线，面积约6万平方米。广场由伸向大海的长浅堤和巨大的主广场组成。作为新兴的开放型海滨广场，它集旅游观光、休闲度假、健身娱乐等多种功能于一体，无论是从服务功能还是外观设计上都具有新颖的特色，在生态性与娱乐性的结合上，也处理得较为成功。

山海广场呈三层圆形的立体形态，底下一层为人行通道，人们可以直接从广场走进沙滩与大海亲近；中间一层主要为商业网点，各种配套服务齐全；顶层是由绿化带、景观灯饰、音乐喷泉等组成的巨大观海平台。

雕塑与空间的融合、历史与民俗的演绎、海港文化的体现，是山海广场的一大特点。与广场遥相

呼应的鲛鱼公主雕塑造型优美，线条流畅，令人浮想联翩。另外，汉白玉浮雕墙、海洋十二生肖雕塑等融合了山海文化、鱼龙文化，富有趣味性。

在设计手法上，山海广场也可圈可点。透视、框景等多种手法的巧妙处理，使景观设计和海滨环境协调统一，营造出极富视觉延续性的海滨开放空间。当人们站在山海广场的弧线形浅水池的路桥上远望海面，会有海天相接的空间视觉感受。这种延续性也表现在广场在伸向海岸的台阶的相互渗透、相互吸引的设计上。

无论是雕塑的题材上，还是设计处理上，山海广场的亲水性都极为突出。立足山海广场，感受潮起潮落，遥望海天一线，顿时拉近了人与大自然的距离。同时，设计者也善于将公共性空间的营造多样化，利用栏杆、座椅、矮墙、景观柱等看似不起眼的小元素，凭借高差、借景、对比等手法，打破视觉规律。这些都共同作用于富有生气的海滨空间营造。

周祖广场的一个很大的创新则体现在香包雕塑群上，凭借庆阳“中国香包之乡”的民俗魅力，修建了一组丰富的深具代表性的香包雕塑。整体雕塑以不锈钢为材质，体量巨大，最高达12米，是目前最大的香包金属组雕。香包雕塑群造型古拙质朴，取庆阳传统香包的基本特征，进行艺术手法上的重新设计，使之既有原始文化遗存的内涵，又具有强烈的现代艺术效果。它将传统与现代相结合，扎根于庆阳的文化民俗，丰富了周祖广场的内涵，整合资源，统一地发挥了庆阳的文化优势。它立于周祖广场之上，成为市民、游客喜爱聚集的场所。就其意义而言，它不仅提升了庆阳香包的文化高度，更把庆阳的地域文化特征提炼并上升到国际高度。

案例九

庆阳西峰区城北周祖广场

顾名思义，位于庆阳市的周祖广场是为纪念周朝先祖不窋而建造的。据史料记载，后稷之子不窋是周部族形成和发展中的一位关键历史人物，他在庆阳一带的活动和功绩奠定了周围日益繁荣昌盛的基础。因此，作为不窋的发祥地——庆阳，立足这一历史文脉，结合庆阳现代城市精神塑造而规划的周祖广场，具有重要的意义。

周祖广场面积广阔，根据功能特点，可以分为四个区——戏剧广场、水景文化广场、山丘林地区、康体文化活动广场。广场上的不窋雕塑手持谷穗，双目远眺凝视，造型生动，富有气势，凸显了中国源远流长的农业文明历程和中华民族精神，具有很强的感染力。

贵州册亨布依文化广场

册亨县隶属于贵州西南部的黔西南布依族苗族自治州，地形地貌独特，南北盘江环抱，群山连绵。册亨县人口总数的76%是布依族，是名副其实的中华布依第一县，有着历史悠久的民族文化。为了彰显布依族文化的特质和多元性，打造富有民族特色的城市客厅，册亨县突破地理环境的制约，于2010年举全县之力修建了布依民族文化广场。

就整体而言，布依文化广场地理位置优越，临近中心城。在规划设计过程中，注重地域性与民族性，利用独特的黔西南自然地理环境，吸收中国古代造园艺术中借山水为景的精粹，营造了山峦起伏错落、江水如带环绕的空间魅力。同时，建筑多采用具有民族特色的语言和元素。

作为城市公共空间，布依文化广场的公共艺术也较为典型。在材料的选取运用上，他们没有采用城市雕塑中常见的花岗岩、大理石、砂岩或不锈钢、铸铜等材质，而是就地取材，从者楼河、盘江河的河床里筛选了体量较大的鹅卵石作为创作媒材，做到了节约成本又绿色环保。在艺术作品创作方面，他们也是邀请本地雕塑家并且围绕着布依文化为主题而创作，这些充满着野性力量和民间趣味的作品本身又与周围环境相互融合，点缀着文化广场。总之，布依文化广场深扎于民族文化里，把地域文化与民间艺术风情表现得淋漓尽致。

在功能服务方面，布依文化广场着意于丰富全县人民群众的文化生活，打造一个集休闲、健身、娱乐等为一体的大型综合性活动场所。相传，能歌善舞的布依族人民在历史长河的发展中形成了一个美好而独特的习俗，每到节庆时节，他们都要聚集起来，跳起欢快的转场舞。如今，每当节庆的时候布依文化广场就有成千上万的布依族民众与国内外来宾心手相连，跳起转场舞，层层环绕，摩肩接踵，场面盛大，蔚为壮观。

布依神酒

2.2.2 公园绿地

人们一直向往自然，试图将自然的山水花木移入自己的家居生活中，古代园林由此产生，但那是私人化的产物。随着时代的发展，面向城市居民的公园逐渐在城市中兴起。构筑一片公园绿地，通过培植花木、人工挖湖、堆叠假山等种种手段，在城市中营造出亲近自然的空间。在这里，老人们晨练乘凉，年轻人遛狗散步，小孩们玩耍嬉戏，活动形式多样，其乐融融。如今，公园作为家居生活的外延，成为现代城市的公共生活空间，是城市居民生活的一部分。公园不仅能为人们提供休闲娱乐等活动的空间，成为城市快节奏下的一个缓冲带，也是城市空间功能布局、城市文化建设的需要。因此，无论是从生活特征、城市空间功能布局，还是从城市文化学的角度来说，公园的发展都具有划时代的意义，有利于城市生态健康和谐发展。

公园的前身经常用“公共绿地”一词代替，而“城市公共绿地”的概念随着“绿地系统”“城市绿地分类方法”的引入而出现也有60年的历史。

不同时期、不同角度进行的绿地分类，对“公共绿地”的理解也会有所不同。如对“公共绿地”包含的内容上理解存有差异，甚至在有的绿地分类方法中没有提出“公共绿地”概念。而对“公共绿地”的服务对象及其投资、建设、管理方面理解基本统一，即“公共绿地”向公众开放，且由政府主管部门负责。

由此可知，“公共绿地”是从综合的角度进行城市绿地分类时所采用的分类名称，它的依据主要是服务对象和归属管理体制。公园作为公共绿地的代表空间，是城市的心脏，是市民休闲文化生活的重要空间。与街头绿地不同，公园除了绿植、小径、活动设施等基本设施外，往往有其特色的主题与艺术，吸引更多的市民与游客。

2.2.2.1 以雕塑为主题的公园

艺术性与原生态的结合是近几年来公园发展的趋势，雕塑公园就是一个以艺术为主题公园的典型。公共雕塑的介入，使得作为公共区域的公园绿地有了“双重公共性”的特征。人们一边在绿意盎然的公园中感受自然气息，一边在艺术欣赏中陶醉。雕塑的介入不是生硬的，而应强调它的地域性和文化性，营造出和谐统一的氛围。

案例一 石景山雕塑公园

北京石景山雕塑公园是我国建设的第一座雕塑公园，并以植物造园、雕塑造景的艺术园林实践在中国园林界首开先河。它位于北京市石景山区八角西街，总面积3.6万平方米，启动于1983年，1985年正式向公众开放，1987年被评为“北京市优秀新园林”。公园是由刘秀晨负责园林的总体设计，中央美术学院雕塑家盛杨主持雕塑策划。园中的雕塑作品均来自中央美术学院，新中国的雕塑奠基人刘开渠亲题“石景山雕塑公园”。

作为“雕塑公园”这一新型公园的试验空间，石景山雕塑公园内共安放了石雕、铜雕及其他材质共50余件的雕塑，以具象为主，体现了神话、人物的中国元素，开创了雕塑公园的先河。公园以雕塑为主题，绿化、建筑物、水景、道路等设施服从雕塑的布局设计，不过分突出建筑，但注重它们之间的结合，追求互为因果、浑然一体的艺术效果。

公园的绿化面积达到85%，与水景相结合，水面占5000平方米。公园可分为水景雕塑区、林荫雕塑区、阳光雕塑区和春早院四个区。从公园的西大门进去，山丘上可以眺望整个园区西面的水景雕塑区。水景公园中最大的湖区由两座拱桥划分为三个部分：《浴女》《水牛》等雕塑点缀在湖景之中，湖心岛也有雕塑；林荫雕塑区以绿色植物为背景，雕塑较多，但也分散在各处，有《港湾》《花蕊》《卧虎》《晚风》《牧羊女》等十几座雕塑；阳光雕塑区一组以"母爱"为题材的长50米、高2.5米的大型系列浮雕，惹人注目。

春早院是整个园区体量最大的建筑，为了不削弱雕塑的主题和地位，设计者对它的建筑形式进行了革新，从色彩、具体建筑布局、植物配置等方面做了精心设计。

同时，公园在设计上充分利用原有地形并加以改造，形成各具特色的雕塑环境。在绿化设计上，园内80余种植物共万余株的配置，极大提高了公园的观赏性。这些细节上的设计处理，都强调相互之间的相得益彰，从而使得人们可以在这里欣赏雕塑作品、赏花、品茗、划船等，实现了与生活脉动、生活方式及人群活动相结合的良好互动。

近来，公园进行了整修，并新增观景平台、雕塑、基础服务设施等，突出雕塑主题，从美观性、安全性、实用性等方面完善了公园的功能。

石景山雕塑公园展现了改革开放之后的新型文化气息，既回归到传统的人文风景，又以国际化的雕塑作为创新，体现了“植物造园，雕塑造景”的特色。因此，石景山雕塑公园还具有重要的历史意义。

案例二

长春世界雕塑公园

坐落于北国春城的长春世界雕塑公园，是第一批国家重点公园，是长春的城市名片，正式开放于2003年。它的主题鲜明，是一个融汇当代雕塑艺术，展示世界雕塑艺术流派的主题公园。

它位于长春市人民大街南端，总占地面积92公顷，水域面积达11.8公顷。公园在规划设计中充分利用了自然地势和天然碧水的优势，采用传统与现代结合的设计理念，融合中西方造园艺术手法，突出雕塑的主题特色，以湖面为中心，并将山水、绿化、道路巧妙运用到整体规划中，成功打造出集自然山水与人文景观相融的一座现代城市雕塑公园，赢得世人的称誉。

长春世界雕塑公园的主题雕塑《友谊·和平·春天》巍然耸立于春天广场中央，气势宏伟，被誉为镇园之作。两大主体建筑“长春雕塑艺术馆”与“松山韩蓉非洲艺术收藏博物馆”则充分体现雕塑艺术自身给建筑师带来的设计灵感。另外，公园在动与静、虚与实、直与曲等手法设计上处理得尤为成功。公园主入口罗丹广场及两侧弧形引导墙采

用沿中轴线的对称布局，张弛有度，带来强烈的动感体验；友谊喷泉广场则利用不对称的轴线转折，通过跨湖平桥与主题雕塑遥相呼应。同时，罗丹广场、膜结构观景台与自然的山水地形、植物景观融为一体，高低错落，虚实映照。主环路、沿湖路环绕湖水与人工瀑布的设计，为游客营造了丰富多样的韵律之美。

纵观世界雕塑历史，横看现代雕塑风格，长春世界雕塑公园以拥抱全世界、欢迎全世界的姿态面向世界。园内荟萃了来自200多个国家和地区、400余位雕塑家的雕塑艺术作品，堪称世界之最。同时，公园还举办过多次国际雕塑大会、国际雕塑展和作品巡回展，以及国际雕塑艺术的交流，东方文化、印欧文化、非洲文化、拉美文化在这里汇聚。

长春世界雕塑公园，作为城市的开放性公共空间，始终践行服务社会大众的基本功能，14年来，接待国内外游客400多万人次。近几年来，长春市政府又大力创新，实现人性化服务，升级改造，开展众多大型公益文化艺术活动，得到社会的积极响应。如今，长春世界雕塑公园以其独有的魅力和吸引力，已经成为长春市乃至吉林省的一个形象标识，成为国际重要的雕塑艺术交流园地，在国际友好交往，创新、丰富旅游业态及推动城市发展等方面发挥了重要作用。可见，雕塑作为城市公共艺术，在精神文明建设、陶冶民众情操、展现城市品格等方面起到不容小觑的影响。

案例三

西湖国际雕塑邀请展

2012年11月22日，由杭州市政府、中国美术学院、中国雕塑学会等共同主办的中国杭州第四届西湖国际雕塑邀请展成功举行。与前三届“山·水·人”“岁月如歌”“钱潮时刻”不同，这一届的主题是围绕水与陆为生存之本，表现栖居与游观文明衍生的“水陆相望”，展览地点也改在更符合水陆特色地域背景的西溪湿地国家公园。

西溪湿地国家公园位于杭州市区西部，占地面积11.5平方千米。虽然距市区不过数千米，但其环境幽美，植被繁多，是杭州的天然绿肺。

本次邀请展览作品秉承符合江南文化背景的原则，重视艺术作品与西溪湿地的空间相融合，

强调地域空间与文化自身特色的艺术主题，力求强化互动，深化体验。展览由“守望”“相望”“秋望”三方面共同组成。入选的作品有51件，国内作品40件，国外作品11件，分别来自巴西、德国、美国、法国、克罗地亚等国家。

作品无论从形式、风格或是主题上，既关注了传统的表现形式，也关注了具有当代审美取向的形式创新，作品整体追求艺术性、观赏性、参与性、互动性等的合一，注重时代性与国际性的结合，注重科技化与智能化的整合，注重多元化与个性化的特点。如中国美术学院教授许江的《葵灯》《风》《伞》和《秋望》等均很好地体现这些特点。

从入选条件和作品来看，作品与西溪湿地公园环境的协调，使得展览相得益彰。观众在参观中徜徉品味，既感受了杭州地域文化，又欣赏了作品具有的艺术新景观，更增添了西溪湿地的内涵与魅力。由此，雕塑邀请展成为城市公园走出去的一个可借鉴途径。

案例四 月湖雕塑公园

自然的四季变化能够为公园带来丰富多样的艺术效果，许多公园也开辟了相应的主题空间。然而以春夏秋冬四季为主轴进行人为规划设计的公园却并不多见，月湖雕塑公园却成为这其中的成功典型。

位于上海市松江区佘山国际旅游度假区内的月湖雕塑公园，群山环抱，依托山林和月湖资源，环湖而建。园区占地87公顷，一期67公顷，其中月湖面积31公顷，沿湖腹地33公顷。在设计上，将月湖沿岸分隔为四季码头水岸，根据四季的特点，分别采用不同的建筑风格，塑造不同的景观，设计不同的功能。如春岸主要由水幕桥、游客服务中心、钟乳洞、水上舞台组成；夏岸主要有亲水沙滩、儿童智能活动广场、嘉年华游艺区等景点；秋岸主要有月湖美术馆、秋月舫餐厅、月山海会所等休闲文化、饮食服务设施等。利用四季的轴线脉络，有机地将现代雕塑艺术、自然人文景观、休闲服务设施等集为一体，成功打造出一个极富特色的综合性艺术乐园。

公园内沿湖岸错落布置雕塑作品达80多件，作品来自国内及国外十多个国家。这些雕塑作品均以“月湖”为主题精心创作，恬美、闲适、温馨的风格，赋以“生命”意义的象征，凸显与月湖相契合的“水是生命之源”的自然意识。在这些作品中，月湖正中央耸立的巨形雕塑《飞向永恒》以其高超的现代化艺术造型，感染了无数的观众。

月湖雕塑公园从2005年对外开放以来，就致力于推动艺术创作、艺术交流、展览、教学等活动，

园内有20余座现代雕塑作品来自法国、英国、德国、日本、意大利、澳大利亚等国家的雕塑大师之手。同时，月湖美术馆也会定期举办画展、艺术品展、车展等大型文化艺术活动，在自然山水之间营造出浓郁的艺术人文氛围，真正体现了其“回顾自然，享受艺术”的理念。

与西溪湿地国家公园相比，月湖雕塑公园的特色在于人工成分多，它一开始就立足雕塑这一定位，雕塑与园林两大板块平行结合的设计使得人造景的文化意义在设计理念上更加突出。月湖雕塑公园的典型意义——在初期规划中，雕塑和公园就进行了整合，使雕塑一开始就形成了它的品牌、艺术效应。

2.2.2.2 文化公园

文化公园是指以文化为主题，包涵人文、艺术、历史等内容的公园，有室外雕塑、壁画、装置及博物馆等多种综合艺术形式。它们功能不一，有的供人休憩或进行娱乐活动，有的展现国际化交流，有的表现地域文化传承。总体来说，文化公园具有很强的教益性和游赏性。

案例一

奥林匹克公园

北京奥林匹克公园位于北京城市中轴线北端的朝阳区，是举办2008年北京奥运会的核心区域，也是朝阳区第一个国家级5A旅游景区。在公园规划史上，它的历程漫长而曲折。1998年，国家就批准申办第29届奥运会的主办权，并于次年成立了“北京申办2008年奥运会规划工作协调小组”，对奥运场馆和奥运中心区的布局进行研究。2001年申奥成功后，即开始方案公开竞标，随之启动建造，从开始筹备、方案竞标、确定、启动、落成，历时十年。它为北京奥运会的成功申办和举行奠定了基础。

公园总占地面积11.59平方千米，其中，北部为奥林匹克森林公园，将紫禁城的中轴线延伸到最北端，是一个以自然山水、植被为主的可持续发展

的生态地带；南部为中心区，奥运会主要场馆和配套设施都集中在此。

因奥林匹克公园特殊的位置与功能要求，无论从安全性、功能性、生态环保、人文、可操作性等方面来看，它的规划设计都具有特殊的意义。它的设计主要体现了“科技、绿色、人文”三大理念，致力于建造融合办公、商业、酒店、文化体育、会议、居住等多种功能的一流城市区域。

北京奥运会期间，这里共有17个区域投入使用，如鸟巢、水立方、国家体育馆、奥体中心体育场等10个奥运会竞赛场馆。此外，还包括一些服务性组成：奥运主新闻中心（MPC）、国际广播中心（IBC）、奥林匹克接待中心、奥运村（残奥村）等。现在，奥林匹克公园成为北京重要的市民公共活动和休闲娱乐中心，包含体育赛事、运动健身、会展中心、科教文化等多种功能。

奥林匹克公园中的鸟巢与水立方两个建筑是北京奥运会的标志性建筑。国家体育场“鸟巢”在公园中轴线东侧南部，形态如孕育生命的“巢”，是摇篮、希望的象征，除北京奥运会外，还有残奥会、田径比赛及足球比赛等大型活动曾在这里举行。水立方则位于公园西南部，可供万

人观看，奥运之后成为一处供市民使用的水上乐园。三大奥运主要比赛场馆之一的国家体育馆是中国最大的室内体育馆。这些著名的建筑设施闻名遐迩，也是我国体育取得辉煌成就的见证。

奥林匹克公园由中轴线出发，又设置了两条轴线：西侧的树阵和东侧的龙形水系，将整个园区分为三个部分。在龙形水系和中轴线之间设置了三段不同的空间：庆典广场、下沉花园、休闲广场。同时设计考虑到了保留历史古迹，如将北顶娘娘庙进行了规划。

奥林匹克公园集中体现了功能使用与生态人文的双重意义，北部森林公园部分表现得尤为突出。“通向自然的轴线”指从紫禁城、天安门这条中轴线一直延续到奥林匹克森林公园，这成为了其重要的结构理念，体现中国文化中“天、地、人”的思想。同时，因地制宜，结合湿地、植被、平陆、山形，设置景观建筑、桥梁、休闲区域，给市民提供了“生态的”“以人为本的”范例，在公园设施的方方面面，也用了高效生态水处理系统、绿色垃圾处理系统、厕所污水处理系统等高科技环保设计，延续可持续发展战略，实现了“绿色奥运”的宗旨。

案例二

中法艺术公园

中法艺术公园位于广东顺德，是由法国文化中心和中国对外文化交流协会联合主办的公园，占地20万平方米，致力于打造中国南部地区最大的国际公共艺术交流平台。中法艺术公园作为中法两国艺术交流的见证，启动于2014年，正值中法建交50周年。园内的艺术作品使用了200余吨埃菲尔铁桥拆卸后的钢铁材料，由50余位中法艺术家共同创作完成，并在广东和巴黎两地举行相关问题的艺术展览和学术讨论。

中法艺术公园作品的创作采用了跨界方式，通过雕塑、影像、装置、油画、水墨等不同的艺术表现形式，结合中西方创作理念，带给大家丰富的艺术体验，践行了“艺术思

考世界”的思想。

中法艺术公园的成功在于它既实现了国家之间的对话、当代与经典的对话，更实现了艺术的公众性。艺术的方式和人们的生活融入公园规划、公共雕塑、植物设计以及公共设施当中。它至少能为公园规划设计者带来以下四点启发：其一，国际公共艺术的引入，能够让各国艺术家与中国城市建设从业者、艺术设计师密切联系，有利于中国现代化建设中对西方模板的借鉴与本土化创作之间的交流；其二，工业遗存的解决及其意义；其三，引导公众参与艺术，建立公共艺术与公众之间的相互关系；其四，材料的选择与媒介的突破两方面的创新思考。（摄影：彭倩铭）

案例三

郑州东风渠1904公园

走进一个公园，就是穿过一个历史隧道，郑州东风渠1904公园就是这样一个成功的典范。1904年，当第一列火车驶入郑州，这一刻就被载入历史档案。郑州东风渠1904公园正是紧紧抓住这一重大历史事件，利用遗存的铁道资源进行规划区域和主题设计，传达一座城市的历史文脉和它对过去与未来的审视。

一座好的雕塑，足以成为一座城市精神的象征。郑州东风渠1904公园在火车主题雕塑的规划运用中打破了旧有形式，以艺术为媒介，结合城市历史遗迹，通过城市记忆的叙述，连接城市的过去与未来，完美展现了一座火车拉来的城市，实现艺术、文化和大众在区域空间里的精神统一。

郑州东风渠1904公园的最大特点是首次尝试将公共艺术参与到城市区域文化传承中来，以城市的文脉为表现主题，演绎新兴城市区域与城市记忆之间的关系，从而使得公共艺术作品具有公益性、互动性、教育性。在创作中引入对互动性的思考，作品不仅仅是创作的目的，也是实现创作目的的手段，公共艺术对公共空间的激活是带给我们最有价值的借鉴。

案例四

青岛汽车主题公园

青岛是北方汽车工业重镇，汽车进出口基地。依托这一背景和资源，青岛规划设计出中国首个以“汽车”为主题的公园，它的成功为地区产业建设与城市公共艺术的结合提供了案例思考。

青岛汽车主题公园位于青岛汽车产业新城核心区，总面积1.8平方千米，2014年启动打造，现在一期全部建成。园内除12座汽车展馆主体建筑外，还有休闲商业街、滨水休闲体验区、汽车雕塑等功能区，并配以景观平台、儿童驾校、3D汽车影院、栈道、植物林、生态小道等相关设施，是一座以汽车文化展览、体验、休闲为核心的文化滨水休闲公园。

在功能设计上，公园不仅要实现与地域产业的结合，展示汽车文化，还要实现公园所要求的休闲性和舒适感。为此，湿地公园、绿色长廊、城市运动公园等休闲部分被纳入规划中。不仅如此，利用原有的水域改造的景观湖，将汽车博物馆、新商业街、汽车主题的雕塑景观结合起来，共同营造出富有人文、娱乐、艺术体验的滨水空间，将水在公共艺术、景观设计中的重要作用充分体现出来。另外，公园

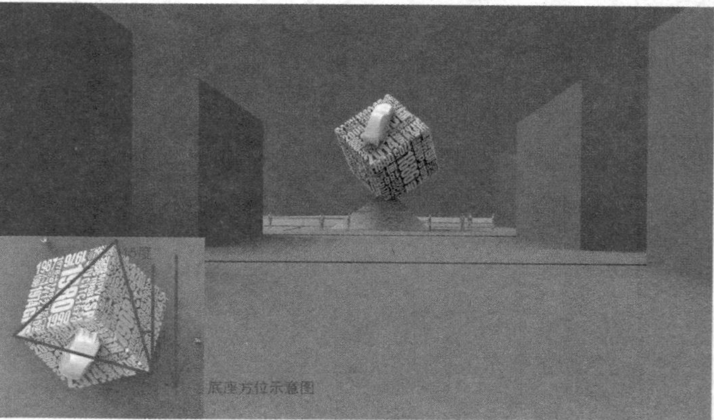

的自行车环路、木栈道、景观桥等设施，带来良好的互动，满足了公共性和休闲性，增添了公园的舒适度。

公园特别重视原有生态保护，尽可能保留原有植被和地形地貌，注重因势造景。另外，园内还设有拦水坝工程，以在洪期和旱季时实现蓄水和疏水功能。这些理念和措施，很好地兼顾成本节约与生态保护。

青岛汽车主题公园选址定在汽车工业园区中间，不仅体现地方政府对汽车行业、地域产业文化的重视，也为周围市民营造了休闲娱乐场所，打开了市民了解本地重要产业的渠道和文化认同感。不是填鸭式的教育和宣传，而是融入到生活、艺术之中，其集休闲性、商业性、文化性于一体的公园规划方式值得借鉴。

案例五 金华雕塑公园

金华雕塑公园因坐落于金华三江口处的江心岛五百滩上，也被称为“五百滩公园”，是金华市区首个文化主题的城市公园，于2014年9月建成开放，与黄宾虹公园相距不远。

作为一座文化主题公园，设计者试图通过公园的规划，致力于打造地域文化的活教材，实现金华乡土文化的弘扬和学习。它以名人雕塑为主要形式，以金华的历史文脉为基础而建立。金华历史名人雕塑以一部逐渐展开的竹简形态统领整个雕塑群，选取一系列名人如骆宾王、贯休、宗泽、陈亮、朱丹溪、

宋濂、李渔、曹聚仁、艾青、邵飘萍等圆雕人物19组、浮雕人物67位。除雕塑外，公园还有广场、绿地、走廊、湿地、音乐喷泉、码头等配套建筑设施。

走进公园，巨石上的“五百滩公园”五个隶书大字苍劲古朴，显示出浓厚的意蕴。同时，人们也为园内既像大贝壳又像鸟巢的“舞台钢结构”所吸引，与水中的倒影相连，恰好形成一个心形，构思比较巧妙。雕塑除了有石刻文字介绍，还可以通过扫码方式获取相关信息。文化元素、科技元素、流行元素的相互融合，增添了游览的趣味性和互动效果。

五百滩公园的目的在于响应政府宣传政策，力图打造有历史、有故事、有文化的公园。但过于突出该功能，使得它也存在一些不足，主要表现在：（1）缺乏为市民审美生活服务的意识，具象雕塑过于单调，缺少变化；（2）自然生态性较弱，四周高楼林立，商业广场所占面积过大，绿荫不足，降低了公园应该具有的功能和舒适度；（3）雕塑布置生硬简单，没有很好实现与环境相结合，无主次之感。这些都需要在公园绿地规划设计中加以注意。

案例六

成都浣花溪公园

在文化主题的公园中，成都浣花溪公园是一座较有特色的公园，它抓住了地域文化的灵魂，并在规划设计中淋漓尽致地演绎出来。公园处于浣花溪历史文化风景区的核心地带，接邻杜甫草堂，总面积达30余公顷，是成都市目前面积最大的开放型城市森林公园。

浣花溪与附近的杜甫草堂是距今1000多年前的唐代大诗人杜甫曾经居住生活过的地方。杜甫凭借其不朽的诗歌绝唱影响了无数代人，因而被誉为“诗圣”，浣花溪和杜甫草堂因此而得名。浣花溪公园正是依托杜甫草堂醇厚的历史文化底蕴，并就历史遗迹和文化进行延伸发展，运用园林和建筑设计的理念打造的城市景观。

总体来说，浣花溪公园在自然景观、城市景观、古典园林与现代建筑艺术的结合上处理得尤为成功。公园主要分为三园：万树园、梅园、白鹭园，主要有万树山、沧浪湖、白鹭洲、川西文化观演广场、万竹广场等景点。人造山、人工湖、湿地、乡土树种的运用，浣花溪和干河两支河流穿园而过，营造了山水交融、绿荫蔽日的自然雅致，游客进入浣花溪，仿佛置身于诗意世界。

设计者从浣花溪、杜甫草堂与杜甫、诗歌的关系中寻求设计灵感，诗意浓厚是它的一大特色。公园中的主要雕塑群“源远流长”“诗歌大道”“三苏、三曹”“新诗小径”就是据此而延伸的。“源远流长”位于南门入口的万竹广场，在以四川特色的鼎的焦点周围，树立两座刻有闻一多、鲁迅、孙中山、毛泽东、周恩来、朱德等人的现代诗词作品的石雕。“诗歌大道”与“源远流长”不同，它是以古代诗歌发展史为脉络，主要是屈原、鲍照、庾信、陈子昂、王勃、李白、杜甫等人的雕像，辅以生平介绍，运用文字雕刻的手法，将自《诗经》《楚辞》开始直至当今的历代诗人作品依次排开，整条大道由诗句贯穿始终，是一个大手笔。“三苏、三曹”是围绕着苏洵、苏轼、苏辙父子和曹操、曹丕、曹植父子打造的相对封闭的空间，集中展现这六位诗人的精神世界。“新诗小径”则另辟蹊径，以新派诗歌为主题，为当代诗歌营构了独立的空间。

在遵循诗歌为主题的原则下，公园内还有文字石刻、具象人物、抽象人物、具象事物四种类型的雕塑，以大众喜闻乐见的具象人物为主，其他类型作为调节，常用的组合形式是以具象的诗人雕塑形象，配以刻有其诗句的石头，以增强游人对此诗人的印象。

浣花溪公园紧密联系杜甫草堂这一著名的文化景观，通过雕塑与诗歌相结合，使文字和视觉艺术相得益彰，而且深幽小径、自然雅致的诗歌意境的营造，自然景观的生动结合，既立足于文化传统，体现了人文意境，又增添了视觉的丰富性。

另外，公园也充分考虑了人本关怀，优雅的绿化环境中给市民留下了许多活动空间，体现了它的休闲娱乐性与丰富市民生活的功能价值。

案例七

张江艺术公园

上海张江艺术公园坐落于浦东区张江高科技园区，邻近张江地铁站，原名樱花广场，园内有2006年落成的张江当代艺术馆。公园自2006年开始，便举行“现场张江”的公共艺术活动。然而，真正使张江艺术公园别具一格的是其创新的理念——为了使公园能够更加便宜生活，使艺术融入生活，将“现场张江”的公共艺术活动，结合当代城市文化，为城市化进程中协调人与科技发展、艺术文化、精神需求之间的关系提供了一种探索实例。其公共艺术活动常年邀请国内外艺术家来张江创作公共艺术作品，涉及面广泛，如建筑师、环境艺术设计师、多媒体艺术家、观念艺术家以及城市研究学者等都在邀请之列。这些作品都有显著特色，均为永久材料制作，风格迥异，创意十足。这些作品放置于园内，并且从集合的公共艺术作品中选择其中的108件，制作出全国高科技园区的第一张公共艺术地图。

张江艺术公园内的精美雕塑作品都富有趣味，色彩丰富，主题多样，如绿狗、倾听、投降的熊、表情1号、易拉罐、桥、大鸟笼等，夸张而耐人寻味。这些雕塑既体现了浓郁的科学气息，又融入艺术，来源生活。即使是园路，也是如此，采用数字构成的石子地面，寓意着时间流逝的哲学化思考。

这些大型雕塑作品与绿地、道路、河流、树木以及其他设施相互融合，共同为人们营造了一个富有人文艺术气息的公共空间，突破了时间限制，丰富了公园的内在价值，成为附近人们游憩的重要场所。同时，创意公园的馆内不定期举办各类画展，彼此呼应，吸引了市民参观和关注。

案例八

金华燕尾洲公园

金华燕尾洲公园地处金华江、义乌江、武义江交汇之处，主要有湿地保育区、运动休闲区、中心水景区、商业办公区，它创造了富有弹性的体验空间和社交空间，实现了景观的社会弹性，是“海绵城市”规划建设的一个典型案例。

在规划理念上，公园充分考虑城市生态问题。东南地区季节性明显，降雨充沛，因此，园内建有不少富有弹性的生态防洪堤。这些梯田景观堤代替传统硬性式驳岸，在防汛工程中引用先进的种植技术，将田园风光纳入现代城市，构成新型城市景观，不仅营造了灵动的景观，也改善了湿地生态系统的连续性。不仅如此，公园在设计中，力图通过最少的工程量，在保留原有植被的基础上，稍加整理，形成滩、塘、沼、岛、林等多样生境，并大力种植水生植物及其他果类植物，促进植被和生物的多样性。同时，为了兼顾湿地保护与亲近自然的诉求，公园采取一定程度的人流限制这样最小的干预设计，尽可能保留了原有植被和环境，有利于生物链的良性发展，使生态系统更趋稳定。

在人文景观的营造上，公园的景观步行桥也是一大特色。景观桥连接义乌江、武义江两岸，将城市连为一体，缩短了两者之间的交通距离。步行桥的灵感来自当地民俗文化，红黄两色的色彩设计也凸显出浓郁的地域特色，在设计形式与手段上，也有鲜明的自身特点。这座步行桥不仅线条流畅，造型优美，更是将绿廊与多个公园等生态空间与城市串联，成为连接文脉的纽带，强化了地域文化的认同感与归属感，是景观文化弹性的体现。

公园在设计语言上，还大量采用了流线，河岸梯田、种植带、地面铺装、道路、步行桥等都是如此。另外也多采用圆弧形的线条。这些流线与圆弧形线条和形体既是将建筑与环境统一起来的语言表达，也是水流、人流和物体势能的动感体现，从而使形式与内容达到了统一，环境与物体得以和谐共融，形成了极富动感的体验空间。

燕尾洲公园结合了生态、审美、历史、文化多个层面，体现了中国当下城市设计与公共艺术的功能性结合，符合居民的多方面需求。

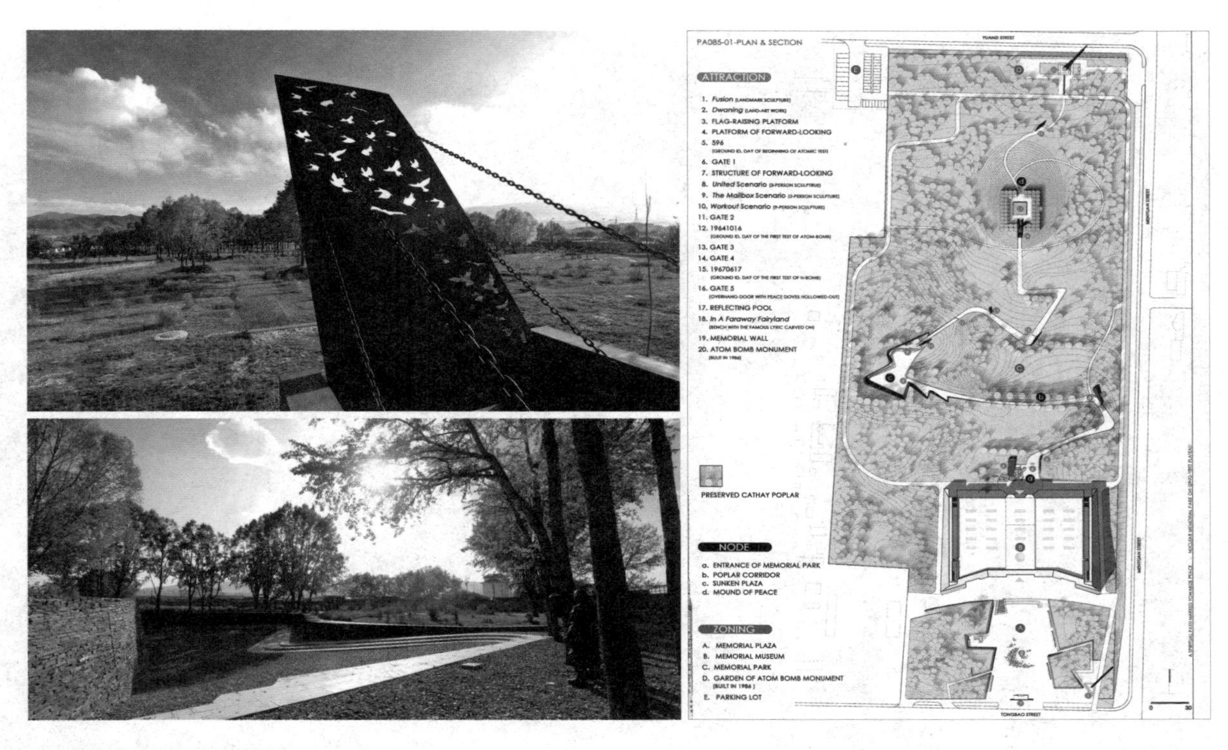

2.2.2.3 纪念公园

案例一

青海原子城爱国教育纪念园

在青海北西海镇东南角的高原上，建有一座纪念我国20世纪五六十年代核能研制工作的当代风格公园，这是我国第一个以共和国高科技产业为主题的爱国主义教育基地。此地原为中国第一个核武器研制基地221厂的所在地，2005年11月，原子城被确定为全国爱国主义教育示范基地，2007年开工建设，总占地12公顷，主要由纪念馆和纪念园两大部分组成。

纪念馆建筑面积为9615平方米，设有五大展示区、序厅、多功能厅；纪念园主要有纪念广场、激光、“596”之路、和平纪念园等景观。

使用具有鲜明特征的景观材料——毛石墙和锈蚀钢板作为基调是纪念园的独特设计风格，符合其所要表达的对当时精神的记忆。山势绵延起伏，看似舒缓却蕴藏着地壳运动般无穷的张力，浑厚、粗犷、大气，在“596”之路上得到凸显。“之”字形的“596”之路，环绕青杨林而展开，线性地讲述中国独立研制原子弹、氢弹的叙事史诗。这些空间模式的选择、序列的重组、本土材料和宗教性技术行为的运用，以隐喻、象征的手法，将场地遗存、场所背景和纪念精神紧密联系在一起。

历史的抉择、激情岁月、勇攀高峰、东方巨响、共和国的记忆这五大展厅如实再现了221厂的艰辛历程和先辈们的爱国情怀。纪念广场前的主题雕塑《聚》，主题鲜明而富有象征意义，寓意着全国人民的蓬勃力量，尤为醒目。

纪念性公园主要从命名、题材、设计上体现所要纪念的主题。原子城爱国教育纪念园的建立，是为了纪念先辈们坚苦卓绝的爱国精神，学习思考生命和奉献，从而追求和平与永恒。粗犷的风格、科学工作者生活场景的保留，使得在这里，爱国教育不是植入式的，而是从每一个细节中熏陶感染的。在接受教育的同时，它也是居民休闲娱乐的场所。

事遗址的背景，以中外著名爱情故事为线索，以剪纸这一中国经典民间艺术形式为设计语言，以中国红为基调，绿色植被映衬其中。浮雕所呈现的爱情故事，皆是大家耳熟能详的经典，如牛郎织女、梁山伯与祝英台、白蛇传、西厢记等，构成一幅古今经典爱情文化长卷，通过叙事性、情节性的节奏展开，加以艺术化设计，一个个生动而美丽，令人神往。

《惊世情缘》景观浮雕的营造，体现了对地理环境的逆向思考，是化不利为特色的典范。公园内地势起伏大，周边地势高，挡土墙与地面形成十几米的落差。面对这一不利因素，在规划中，设计者没有对地形进行整治，而是利用这种落差特点，提出在挡土墙上创作浮雕，巧借主题，从而创造性地衍生出长近300米、高低错落红艳夺目的景观墙，营造出独具特色的公共艺术空间。这种因地制宜的创新理念值得公共艺术空间规划设计者借鉴。

整体景观浮雕鲜艳醒目，洋溢着热烈浪漫。细看浮雕局部，人物、建筑、花草树木、器具、动物都刻画细致，风格因中外、古今而有差异，或含蓄或直率，具有很高的艺术水平和鉴赏价值。尤其是在夜晚，灯光设计为夜景下的浮雕丰富了视觉效果，远望过去，水光相照，惊艳动人。

案例二

西安寒窑遗址公园

西安寒窑遗址公园位于曲江新区，是根据中国传统民间爱情传说——寒窑故事打造的中国第一个大型婚俗婚礼婚仪体验式主题公园，成为以弘扬婚姻自主、爱情忠贞为信仰主题的文化公园的代表。总体而言，寒窑遗址公园所处位置优越，与曲江遗址公园、大雁塔、大唐芙蓉园等胜地为邻，文化氛围浓郁。公园集遗址保护、旅游开发、文化产业建设的爱情主题公园和幸福产业基地于一体，主要有婚庆区、遗址区、商业区三大分区，在演绎王宝钏与薛平贵之间的传奇爱情故事的基础上，进行了拓展延伸，通过景观、雕塑、建筑等表现营造，叙述中国古典爱情以及西方浪漫爱情，带来传统、新奇、有趣的三重体验。

在寒窑遗址公园内，《惊世情缘》公共艺术在规划设计中典型而出色。大型景观浮雕《惊世情缘》依托爱情故

2.2.3 街道等线性空间

街道，一个与周围环境密不可分的空间，伴随着当地建筑而存在，是一个城市的肌理。一座城市不可能脱离街道而存在。作为城市的主要交通干道，街道的作用是联系城市的各大功能区，是城市对外联系的门户。因此，整个街道的景观往往诠释着一座城市的风貌与特征。

公共艺术在街道建设中的发展具有重要的影响，它的形式不同，产生的作用也不同。归纳起来，公共艺术能够对城市街道产生美学作用、社会作用、经济作用及文化作用。

不同的街道形式对公共艺术的要求各不相同。对城市交通性街道来说，以地铁为例，其公共艺术侧重于展示性，一般要求布置于道路的沿途两侧，以便吸引人们的视线，并在创作上要求更能代表城市的文化底蕴。对于生活性街道来说，如社区小路，属于车行与步行合二为一的混合型街道，是市民生活、娱乐、工作、交往的公共性空间，这就要求在创作上注重轻松、愉悦的视觉体验，并兼顾其实用性。城市商业步行街是购物、休闲、娱乐于一体的空间，商业特点显著，而且当今商业活动越来越发达，公共艺术也更趋人性化、多元化。

案例一

九墙系列

2010年，随着南宋御街一起亮相的“九墙系列”无疑是改造、更新的匠心之作，在这条曾经是南宋临安城中轴线的街道上，“九墙系列”作品呈现的线性空间从空间肌理、建筑形制、邻里结构到地方特征、空间格局、街巷形态、字号名称都集中体现了城市的传统风貌，符合以当代风貌塑造历史名城的规划要求。

“九墙系列”的作者是中国美术学院公共艺术学院院长杨奇瑞，参与协作的有曾令香、李德忠、张浩光、岳海等人。在经过漫长的构思之后，他们开始在杭州城内到处穿梭，一面进行调查，与普通老百姓密切交流，寻找在现

代城市化进程中逐渐流失的记忆和文化，钩沉人们心灵深处对城市、生活的精神诉求；一面采集素材，从海选、发放调查表、意见征集到最后完成，每一个工作细节琐碎而严谨。“九墙系列”每一件展示的物什都是这样从拆迁之前的老杭州人家里收集的。

在艺术处理上，“九墙系列”中作品与环境的关系表现得尤为突出，对比无处不在。第一，“九墙系列”处在历史文化底蕴极深的位置，曾经的南宋宫城就位于此，其凸显历史传统的延续与周围的都市环境形成鲜明对比；第二，九墙与其上面现代特征明显的建筑风格形成对比；第三，古朴的作品与粗犷冷酷的钢材框形成对比。作者似乎故意这样设计，通过这种对比，强有力地表达出本土文化在工业文明发展史上逐渐流失的境况。

九面精心打造的艺术墙体，静默无声地讲述过去不寻常的故事，重现了当年生活的横断面，它的时间跨度之大，带给人极具震撼的冲击力。高宗壁书、老式门窗、老式煤球炉、老式凤凰牌自行车、旧窑……这些精选的素材，加以构图组织，体现了作者对本土地域文化、历史的一种冷静思考，对当代城市空间变迁的关注。公众在游览时，能够产生情感的共鸣和互动。

“九墙系列”作为公共艺术在街道的运用，不是仅停留于对过去的迷恋，它的意义在于结合地域文化特色所体现的艺术创新，强调对城市历史生命体的尊重和人与自然的和谐共处。无论是从空间布局、造型设计到元素摄取，还是可持续的互动，“九墙系列”在公共空间里都呈现了一种开放的姿态，成为一种活的城市文化形态。它的出现，打破了原有城市雕塑的疆界，丰富和发展了城市的文化生态，这是难能可贵的。

案例二

青岛壁画步行街

在青岛，有这样一个说法："朝看壁画夜赏灯，购物休闲在台东。"这形象地描述了青岛台东壁画步行街的繁荣特色。但是，在青岛市对市北区的旧城改造之前，这里却完全是另外一个样子。

台东三路步行街是青岛市的老商业区，全长约1千米，是青岛最长的商业步行街。这里商

户林立，但由于历史的原因，商户与居民楼混杂在一起。2004年以前，这些居民楼外墙老化，有的墙面材料开始脱落，外挂的空调机杂乱无章，而且墙外随意挂满了形形色色的衣物，被当地人形象地称为“抹布”，与市南区、崂山区的“金边”对比鲜明。

市政府在改造整治时发现，如果拆迁重建则面临一系列问题，如时间紧张、费用成本等。因此，在对步行街进行改造时，为了尽量减少对居民日常生活的干扰，缩短施工时间，同时兼顾不破坏外墙面，市政府决定创造性地利用室外壁画这一公共艺术形式。因为，公共艺术本身具有强烈的表现力，可以提升步行街区的文化内涵，展现自身的个性，还可以利用彩绘涂料保护原墙面的面层材料，增加墙面的防水性能。

壁画中有民俗图案、海洋装饰、时尚元素、戏曲脸谱等内容，在改造的过程中，把壁画创作变成公益活动，艺术家以充分的自由度进行创作，它的成功给公共艺术的研究者提供了新的案例，给城市公共艺术提供了一种新的模式。

如今，在步行街两侧，约有6万平方米的室外壁画，是国内目前最大的一个壁画景观，也是国内目前最大的一个城市公共艺术项目。而青岛台东壁画步行街也已经成为青岛最大的商业圈之一。（摄影：张彦）

案例三 武汉中央商务区新轴线

武汉中央商务区新轴线的打造颇引人瞩目，“2017武汉CBD · 泛海国际雕塑艺术季”的举行吸引众多媒体竞相关注，极大提升了武汉城市的知名度。这条目前华中地区规模最大的城市公共艺术新轴线长达1千米，占地4万余平方米。它以国际雕塑艺术为主题，居城市正中，从2016年11月开始征集作品，2017年3月盛大揭幕。新轴线的打造是武汉从自身定位出发，结合CBD商务区，将多元化艺术融入城市生活，对人与城市的关系进行思考。

整个展览全程体现了主办方以优秀艺术创作配合打造武汉新形象的理念，聚集跨域精英，构建多元文化艺术交流平台，引领文化创意产业发展的愿景。开放、包容的精神贯穿展览始终，国内外80件雕塑作品，传统与现代交织，题材丰富，各具特色，环保、乡村、城市化等主题都可以从这些作品中找到。举例来说，《观器论道》从传统著作《荀子》中寻求素材并运用现代科技手段——电动流水装置再现古代汲水灌溉的工作原理；《失恋》则表现了波普、现代生活的风格；《Island 002》中运用了新材料；《铁锤竖琴》《甜蜜记忆》等则体现了对中国当代社会的广度和文化包容；青铜抽象雕塑《盲人肖像》将雕塑形式的具象与抽象进行了结合。

艺术家对于全球化、中国社会转型、城市社区中人与人关系等问题的思考，进入了城市核心一带，雕塑在公共领域越来越重要。这条以艺术为主题的新轴线使武汉新增了一处城市中心亮点，展现了城市新生活、新面貌。可见，新轴线对城市生活艺术前沿的引领，高起点、高品质的艺术氛围和文化基调，对提升城市功能具有重要的影响。

然而，以武汉中央商务区新轴线为例的城市公共艺术中的“公共性”常常被忽略。因为公共性不仅表现在公共空间上，更是一种民众生活方式的体现。因此，在城市公共艺术建设中，应当让市民能够真正参与进来。

案例四

南昌红谷滩

红谷滩，原称“鸿鹄滩”。红谷滩新区，临江带湖，拥有红谷滩中心区、凤凰洲、红角洲等片区，与滕王阁隔江相望。近几年来，红谷滩新区开发为南昌的新区，发展迅速，凭借其自然环境优势，在南昌的城市化建设中，形成城市滨水自然景观与商业中心的综合体，成为重要的行政中心、经济中心。红谷滩新区的城市主干道和水系是绿色生态轴线，并连接滕王阁、秋水广场、红谷滩CBD商务中心、行政中心、西山山脉，将历史与自然、老城与新城密切联系，体现了在新城建设中不忘历史文脉的规划理念。

红谷滩新区与自然环境有机结合，东有赣江，南有前湖，中心依赣江而建，中心设有绿地广场为公共绿化带。滨江风景绿化带对广大市民开放，且设有防洪堤坝，成为了众多市民日常休闲生活的一部分，特殊时期有抗洪之用。其中的秋水广场、摩天轮等景观早已成为南昌的标志性景观。秋水广场中的一组组雕塑，表现内容丰富多样，如江西的历史名人、出土文物、文化建筑、民俗等，生动形象。在一襟晚照之下，散步其中，既感受到文化魅力，又丰富生活娱乐，是市民生活休闲娱乐的重要场所。

另有一条红谷大道连接南昌大桥，与滨江大道相呼应。红谷滨江公园位于新区赣江北岸，以喷泉广场为

特色，平水池面积超过一万平方米，中心的音乐广场成为市民的游乐中心，且配套设施齐全。红谷滩各个部分考虑到了市民的各项需求。另外，一江两岸的红谷滩灯光秀，被誉为世界上最大的、参与建筑最多的固定性声光秀，为南昌夜景增添了奇光异彩，尤其受到年轻群体的青睐。

红谷滩新区的城市色彩设计也较为成功。它兼顾了南昌红色革命传统和南昌的生活饮食习俗，而且红色也象征吉祥，采用“红色系”作为主题色，符合南昌历史文化及群众审美的诉求。同时，在配色设计上，通过色相、明度、彩度的变化与对比，使红色成为变化的视觉元素，防止了审美疲劳。在建筑、城市家具、标示、照明系统各处又使其强化，配以暖灰色为基调，既体现了新城风貌，又与老城区进行呼应。

红谷滩新区满足了行政办公、住房、学校、医疗、娱乐文化等多方面需求，且注重对老城区传承，结合天然的自然氛围，以保护为主，设置绿化带，考虑整体美感的需求，是城市新区发展的一个良好范例。

案例五

珠海情侣路

珠海是珠江三角洲中心城市之一，毗邻中山、江门、澳门。由于它位于珠江出海口，海岸线长，利用其自然优势，珠海于20世纪末成功打造出情侣路。情侣路成为珠海的城市名片，提升了珠海城市的知名度。

沿海岸线规划设计的情侣路曲折蜿蜒，全长28千米，位于中心城区东部沿海地带，沿途景点有岛屿、山峦、海湾、酒店、游泳场等，自然地将山、城、海联系起来，使香洲、吉大、拱北三区延展出去，规划出珠海城市的新格局。俯瞰珠海，情侣路就像一条飘逸的绸带逶迤而过，依山傍水，风景秀丽。在这里漫步，远望无边的大海，聆听如松涛声的海浪，在宁静的港湾度过惬意的时光，营造出休闲的生活体验。

珠海情侣路的设计体现了自然和人文的相互交融，道路线形与周围配套的景观设施、自然风光相呼应。屹立于海上的珠海渔女塑像也象征着美丽与希望，是情侣路上的一个标志，其他的景点也各具特

色。在生态方面，情侣路种植海滨特色的植物，如大型棕榈树，结合了城市所处区域的自然特征与风格。

然而，随着城市化进程，珠海情侣路近年来开始出现问题，其中污染问题亟待解决，日益严重的水污染、空气污染、交通油污等使依赖生态环境保护的情侣路的秀丽风光、浪漫体验大为降低。其他如车道设计不合理，没有实行人车分离，配套设施不足，缺乏休闲区域及服务功能，文化内涵不足，本地人的认同感偏低等，也需要加以重视改进。珠海城市方面也在对情侣路进行升级优化，打造更显浪漫风情的国际海岸。优化公共环境，希望可以解决这些问题，让情侣路在经过“小情侣路时代”“大情侣路时代”“不断完善的情侣海岸”三个阶段后，成为更富有人文气息、生态环境良好的休闲的公共空间，营造国际化的城市魅力。（摄影：张琳）

案例六

许昌河道景观三国文化

许昌市运粮河的改造是中国河道景观成功改造的典型案例。许昌市是中国历史名城，曾经水系密布，经济发达。三国时期，曹操为便利粮草运输、军事作业、农田灌溉，在此开挖运粮河道，距今已有1800多年的历史，其中有些河道已经湮塞，而许昌市区的一段仍没有废弃。

许昌河道景观正是基于此而顺势成功营造了生态、文明且具有新

面貌的城市河道滨水景观。它结合三国历史文化和乡土文化，确定“三国文化风情”主题，全长7.5千米，围绕着运粮河道打造出四个景观区、六个游园，连接河道景观区、住宅区、商业街区而打造出“三国文化商业街”。

以三国文化和漕运文化为主要脉络，以文化传承和艺术创新为基调，是许昌河道景观改造的特征。无论是四个景观区、六个游园、一河十八景广场的主题选取及内容，还是建筑的风格造型、材料及表现形式、手法，都体现了这一特点。

如十八景以三曹、王粲等人创作的18首古诗来演绎；主题雕塑、情景雕塑、浮雕景墙，或雄浑大气，或沧桑厚重，或装饰华丽，经典的三国故实甄选，运用丰富的雕塑语言进行艺术化的创新表现。这些既传承了许昌的历史文化，又增添了艺术审美与感染力。

不仅如此，沿街修建的商业街及住宅区建筑均体现出三国的风格特征，造型简洁，错落有致，相互融合。沿着河道南北向的景观带，中心与两侧的林荫部分互相结合。中心景观带设有便民休闲娱乐设施，如座椅、健身器材、亲水广场等，营造了宜居、宜游的良好环境。总之，整个许昌河道景观以三国文化为背景，将建筑改建成汉魏风格，形成曹魏文化十八景，打造集商业、娱乐、观光、餐饮、文化为一体的景观带，既尽量再现三国风情，又着重保护运河的生态，是一个城市中对于文化的挖掘，宜居建筑与传统结合的佳例。

案例七

银川中阿之轴

中阿之轴位于银川市阅海湾中央商务区，无论是从政治、经济还是文化角度看，它都具有十分重要的意义。它是中国与阿拉伯国家友谊的见证，也是基于银川乃至宁夏在西部地区的地理、历史以及当代发展诉求的基础上而规划设计的，体现了浓郁的宁夏地域文化特色和阿拉伯文化特色。

在全长2.1千米的中阿之轴上，根据各功能分区和东西两部来看，东方特色特别是银川地区特色元素、阿拉伯元素、回族文化元素各有呈现，中阿友好标志景观区、中阿文化交融景观区、中国回族文化景观区三个相对独立的人文景观区域构成主要区域。中式楼亭、伊斯兰长亭、大型雕塑、景观水系和绿化带等共同构成轴文化、轴视觉、轴景观，构筑了中阿文化和谐交融的线性空间。

中阿之轴上，富有特色的主要建筑有中阿友好纪念碑、中华鼎、图腾柱、祥和楼、月牙广场等。其中，中阿

友好纪念碑为全景区地标性建筑，火炬形的碑顶设计寓意深刻。中华鼎、图腾柱、祥和楼等则提炼了富有中国特色的传统建筑元素和多民族文化内涵，富有深意。月牙广场中的新月体现了中国回族和阿拉伯穆斯林之间的密切联系，更是体现了中国与阿拉伯国家之间融洽共处、互利合作、友好往来的彼此期望。

除主体建筑外，中阿之轴上的辅助景观与水系水景、灯光设计也很有特色。例如，20组不同的文物景观小品按一定比例放大，将天文仪、伊斯兰盘、景泰蓝瓷器等具有极高艺术价值的雕塑点缀在绿化池带中，极大地丰富了公共艺术的内涵。轴线上出色的灯光设计给华美的建筑和雕塑等笼罩上了神秘的异域光晕，营造了富丽堂皇的旖旎夜景。

总之，中阿之轴在规划设计上一方面深度发掘中国传统文化内涵，提炼其典型元素，充分结合宁夏位于丝绸之路带上的重要节点及在中西方经济文化交流史上占有重要地位的历史地理背景；另一方面依托宁夏回族与阿拉伯穆斯林的共性，充分吸收阿拉伯国家的民族文化特色，二者相互融合，通过不同的表现手法和形式，展现中国与阿拉伯国家的密切交往与发展。它将公共艺术的价值与内涵进行了提升丰富，将促进中阿和谐共处，推动中阿在丝绸之路经济带上更长远的政治经济文化交流。

2.2.4 地铁站

地铁，已经成为城市最主要的公共出行方式之一。地铁的迅速发展为扩大城市交通容量、缓解城市交通拥堵、节省土地资源、节约交通时间、减少环境污染、提高工作效率等方面做出了巨大的贡献。随着城市化进程的加快，地铁成为城市建设中不可缺少的一个重要部分，各大城市的地铁正在快速发展。然而，由于大部分地铁建设在地下，空间的相对封闭给人们的心理和生理带来一些负面的影响。为此，公共艺术的介入，有利于营造相对轻松、活力的空间氛围，改善地铁环境。不仅如此，地铁公共艺术的发展对展现地域文化、提升城市形象也起到越来越重要的作用。

案例一

北京地铁

公共艺术对北京地铁的介入，始于1984年2号线站台壁画作品的运用，至今已有三十余年的历史。如今，地铁公共艺术快速发展，雕塑、装饰、壁画、装修、书法等各种表现形式随处可见，题材与风格方面也都有了很大的突破。2012年，北京地铁公共艺术主题思路、规划设计原则的确定，更是为北京地铁公共艺术开创了新篇章。截至目前，已经有近百个站点引入了公共艺术，并且伴随着新线路的开通，将有越来越多的公共艺术作品走入公众视野。这里从中选取4个典型分别阐述。

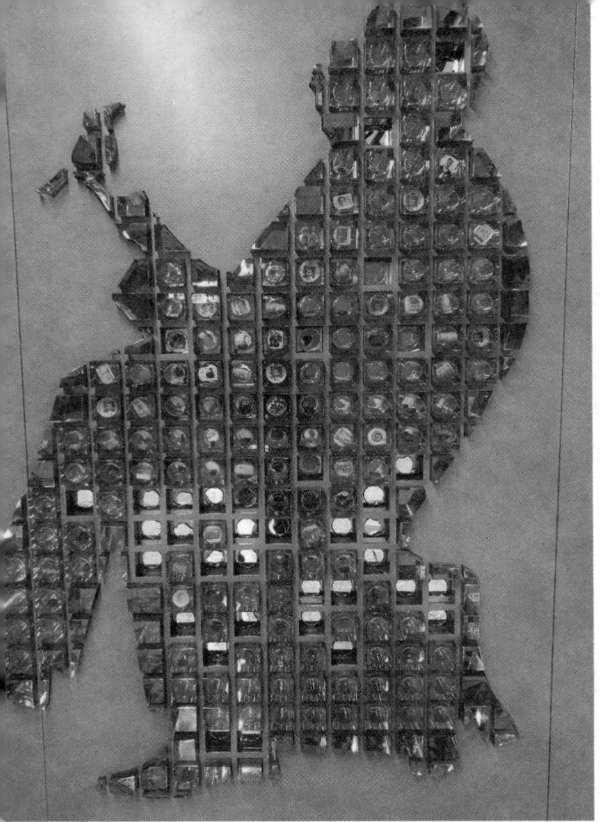

北京·记忆

在2014年投入运营的北京地铁8号线中，南锣鼓巷站独具特色的公共装置《北京·记忆》颇引人注目。《北京·记忆》是一堵由4000多个6厘米见方的琉璃块拼贴而成的装饰墙，通过剪影的形式再现了老北京的人物、生活场景、故事，如街头表演、遛鸟、拉洋车等。每个琉璃块内都珍藏着来自北京市民的老物件，如徽章、粮票、门票、黑白照片、算盘等生活小实物。它就好比散文中的一条线，串联起来就是一个时代的浓缩史，承载人们对这一座城市的记忆。

在每个琉璃块封存的鲜活故事的物件旁边，都有可供手机扫描的二维码，关于物件的详细介绍、所关联的故事以及更多的视频、文字资料都可以通过扫码即时获取。人们可以留言互动，使互动效果和传播影响力得到了极大提高。《北京·记忆》因此将北京的历史文化彰显出来，流传开去，依托地铁庞大的人流，使每个市民都可以参与进来，发生关联。

在艺术形式上，《北京·记忆》突破传统地铁壁画的形式和空间局限，利用新媒体、网络等多种形式，与城市、公众和社会发生互动，变单向传播为双向对话，营造一个影响广泛的社会话题。它超越了艺术本体的审美价值，突显其背后的人文精神与社会意义，将公共、大众与艺术融合在一起，创造了艺术与城市、艺术与社会、艺术与大众互动互联的新方向。

地铁8号线

8号线是伴随着2008年北京奥运会举行而特别建设的。与其他线路不同，在功能设计上，它不仅要实现交通运输，更要向世界展示中国文化。8号线上的四个站——北土城站、奥林匹克公园站、奥体中心站、森林公园南门站最早建成，也是公共艺术汇聚的站点。每一个站都与它周围的地理特征、历史文化与建筑相互融合，实现了“一站一景”的设计特色。

北土城站紧邻元代古城遗址，在设计中采用传统元素与现代元素相结合的特色手法，提炼出青花瓷和城墙砖两个典型元素，并通过与现代材料的运用结合，给人们带来既符合现代审美又不失北京浓厚文化底蕴的表达。

奥体中心站位于奥运核心区，鸟巢、水立方等重要建筑

离此最近。因此，该站主要突出核心区的功能，强调导视系统与信息服务系统。在设计上，采用以灰色调为主、以运动为元素、以三角形为母题的理念。站内的柱体上，由代表奥运体育运动符号的标识组成的图案在蓝灰色的背景下跃动，富有装饰体验。

奥林匹克公园站是围绕“水与生命”的主题而设计的，与附近的游泳类场馆相呼应。为了突出这一主题，站内广泛运用水泡作为设计元素，色调也以蓝色和白色为主，如空间的顶部、灯具等。

森林公园南门站位于奥运核心区以北，是8号线一期的终点站。从森林树木中汲取设计灵感、提取设计符号是该站的最大特色。如站台顶部交错树枝形式的设计与照明设施的巧妙布置，地面36片拉丝金属枫叶与柱体树形的呼应设计以及现代工业材料的大胆运用等，共同营造出充满自然气息的“白色森林”，给人富有童趣、轻松、自然的观感。

8号线既实现了“一站一景”，又做到了各站内容相互联系，将开放包容的设计理念贯穿其中。它的开通向世界传递出中国对奥运的重视和中国的形象魅力，引起了国内外媒体的广泛关注。

机场快轨

与8号线服务功能不同，机场快轨的主要功能是沟通北京城区与首都国际机场，快速是它最突出的特点。同时，因为首都国际机场的重要地位，先进、现代、与世界接轨是机场快轨中公共艺术的设计要求。为此，中央美术学院在方案设计时大胆尝试，凭借前卫的艺术手法，突破传统地铁空间设计缺乏创意的通病，最大化实现艺术化的空间感受与空间体验。

在“空间艺术化、艺术空间化”的总体设计理念下，机场快轨创造性地把平面艺术引入空间设计。以“飞行”为主题，根据各站特点个性化设计，如东直门站强调靠近城市内核的地域性，三元桥站利用其过渡的中间性，T2航站楼站突出它的国际性。每一个站都融入飞翔的元素，从过去到现在，越飞越高远，从而将整条线路巧妙联系起来。

机场快轨的公共艺术给人留下深刻的印象。东直门站中吊顶的曲面形式拼出飞鸟空中的流畅曲线，T2航站楼站中裂开的天空和起伏的吊顶、表现飞行史的特殊处理墙面等空间形态的塑造、平面视觉元素的运用、特殊空间的装置艺术设计，为公众创造了体验和分享的空间。

富有特色和前瞻性的空间艺术一体化设计，打破了北京轨道交通空间的常规模式，是机场快轨的亮点所在，为地铁公共艺术提供了新的思路和多元化的设计风格，从而具有指导与借鉴意义。

地铁15号线

地铁公共艺术，是艺术在公共空间的表达，要带动公众的参与和关注，需要寻求社会的大众情怀。北京地铁15号线的清华东路站在公共艺术的策划设计上具有典型性，是一个很好的案例。

北京地铁15号线，是北京最长的连接郊区和中心城区的地铁线路，其中的清华东路站周围高校林立。这些著名的高校，不仅是每一个学子的梦想，更是一个国家和民族走向未来的基石。由这些高校向全国各地学校辐射，唤起人们对过去青葱岁月的回忆，激发起社会群体的共鸣。清华东路站的公共艺术抓住了这一点，选择“学子记忆”作为表现主题。

几乎所有人都有一段深藏在内心的记忆，如校园里蓊郁的道路、晚读的琅琅书声、运动场上的点滴故事、食堂里的欢声笑语、护校河边的青涩爱情。《学子记忆》精选了16个最具代表性的场景或情境，以特殊的透视和照明手法，在墙面的“窗口”中进行了还原和展示。

为了更好地创造互动，《学子记忆》也采用“北京·记忆”的多媒体的形式，每一个作品都有完善的情景对话、资料等录音，大家只要扫描作品旁边的二维码关注公众平台，输入相应的“窗口”数字编号就可以立即获取。不仅如此，通过公众平台的运营还可以及时传递新的动态资讯和征集更多新的素材资源，实现分享发布、不断更新的持续互动。

由于受到自身空间的影响，观众欣赏地铁公共艺术作品的时间和空间有限。《学子记忆》则打破了这一限制，通过网络媒体等虚拟空间的运用，延伸了与观众的互动，并且在运营的作用下，将其影响逐渐扩大。从此，地铁公共艺术作品具有了“移动”的新特点，为公共艺术作品的再设计和城市文化的服务实现了在地性、互动性、延伸性的统一。

地铁7号线

北京地铁7号线开通于2014年年底，2015年年底全线通车，东西走向穿城而过，途经丰台区、西城区、东城区和朝阳区，属于北京地铁中较为年轻的线路之一。北京城市雕塑建设管理办公室于2013年举行了“北京地铁7号线公共艺术创作题材征集活动”，从20个途经站中选出16个，面向公众进行地铁公共艺术征集，旨在深度挖掘地域文化，充分了解公众精神诉求。其中湾子站的主题为茶文化，广渠门外站聚焦工业文化和城市变迁，九龙山站关注已经消失的九龙山和其遗址，以及丰富多彩的典故和美丽动人的传说，大郊亭站的主题为生态绿色，欢乐谷站关注人文和娱乐性，双井站拥有近代工业文化和历史遗迹。

案例二 南京地铁

南京地铁现有7条线路，是我国较早开通并颇具影响力的城市轨道交通。作为人流量巨大、群众性参与强的公共空间，南京地铁公共艺术的重要性不言而喻。公共艺术的介入，不仅能美化环境，更是城市文化的一种体现，凝聚人们对城市的认同感。而素有“六朝古都”之誉的南京，文化底蕴深厚，这正是它的优势所在。

南京地铁的公共空间艺术有一部分是由南京艺术学院规划设计的。总体来讲，它们风格各异，展现了南京的历史和文化底蕴。在艺术手法上，主要采用了壁画、雕塑等创作形式。在理念上，它汲取了一些国外地铁线路艺术创作的理念，突破了公共艺术单一地与所在地的历史文脉、重大事件、环境特点相联系结合的手法。而在选址的寓意性上，将站名与节假日也联系起来，从而使得艺术主题博大而丰富，避免了单调枯窘的体验感受。分而述之，1号线上致力于南京历史文化的呈现，大量汲取相关的元素；2号线以节庆为主题，节庆与站名充分联系起来；3号线以耳熟能详的红楼梦文化为主题；4号线以宁人伟业为主题，用不同的特征、不同的内容，展现不同的主题，但又相互统一，串联起一条条线路。

1号线上的南京地标夫子庙站，用壁画表现夫子庙灯会的场景，营造了热闹喜气的氛围；花神庙则结合其为古代皇家御花园的背景，以花卉为

切入点，以南京市花——梅花为元素，营造了花开满墙的艺术美景。2号线上大行宫站的“春节”、苜蓿园站的“七夕”、明故宫站的“重阳”、兴隆大街站的“国庆”、集庆门大街的“中秋”等，或以壁画或以浮雕的方式展现了传统的节庆文化。3号线的主题选取上也见匠心，敲定《红楼梦》而不是《桃花扇》，正是为了体现雅俗共赏的共享性。4号线选取竹林七贤、郑和、祖冲之、曹雪芹、陶行知等人物，也都是人们非常熟悉的人物。对于一些核心站点，采取重点烘托渲染方式，如鼓楼站是南京的核心地域，则以六朝古都为主题，青石墙上镶嵌了六枚中国古代红色朱砂龙虎肖形印，刻有“虎踞”“金陵”等南京六朝时的称谓和建都年代古称，展现了南京2400年的悠久历史。同时，还会在这些地方举行相关的文化艺术活动，这些都很好地体现了公共空间的共享性，有利于增进人们的参与、互动意识。

南京地铁中色彩运用比较丰富，不同线路有不同的标志色，并结合不同的装饰色、元素。另外，地铁中壁画的展现手法也具有多样性。如珠江路站壁画《民国叙事》选取民国时期的繁华街景为背景，采用了青铜浮雕和丝网印刷的技法，逼真地再现了当年南京的旧年代；位于玄武门站的《水月玄武》则运用了传统漆器工艺设计，用堆漆来塑造湖影斑驳之态；《彩灯秦淮》用搪瓷钢板塑造了长19米的壁画，尽显金陵风情。不仅如此，南京地铁还加入了新媒体元素，如元通站将新媒体墙面装饰设计在乘客的必经之路上，通往站台电扶梯的站厅层，运用水晶这一带有未来感的材质，用简明的几何方圆结合规律改变的色彩，表达了对炫彩未来的期盼。（摄影：刘可）

案例三

武汉地铁

武汉地铁自2010年开始投入运营，便进入快速发展时期，线路相继建设开通，与此同时，地铁公共艺术创作就肩负起引导市民文化、推动城市文明的重要使命。武汉地铁公共艺术作品在结合地域特色体现艺术性的同时，注重文明的引导，它大力弘扬楚文化“自由激扬、开拓创新”的精神，楚文化对武汉城市的发展有着重要意义。武汉地铁中突出楚文化元素，在规划中引入“楚风汉韵”系列的艺术品，如突出“凤”雕、知音故事、成语故事等。

在线路的各个站点上，凸显出不同的主题。如2号线上的汉口火车站站、中山公园站、江汉路站、光谷广场站分别采用黄鹤归来、幸福武汉、时尚江城、科技之城的方案；4号线采用了以辛亥首义、知音故事、张之洞主政湖北20年等为主线的设计。

概括地讲，武汉地铁公共艺术在表现形式上较为丰富多样。如汉口火车站站中当代雕塑装置和拼贴壁画的采用；中山公园站中多种趣味材料如马赛克玻璃、陶瓷、不锈钢等材料的拼接，公园式空间的营造；江汉路站以汉白玉壁画与全息投影的先进技术

表现武汉的百年历程；洪山广场站中根据儿童画经过烧造工艺制作成的瓷板画与法国木纹灰石的结合处理；光谷广场站中采用光电壁画和互动投影，强化光谷在武汉的地位；首义路站内由错落有致的红色搪瓷钢板构成的“辛亥首义 · 1911”与手绘历史场景的背景墙共同渲染；复兴路站中石材与铜件搭配，古代元素与现代气息共融，再现黄鹤楼、武汉大学、高铁列车等武汉标志性建筑的设计；王家湾站以汉白玉为材质的二维码墙，融入60余种武汉老字号品牌、标志的表现……总之，这些公共艺术作品根据其特色和效果要求，使得传统材料与新材料都得到有效利用。另外，武汉地铁中一部分壁画是由美术学院来设计，儿童画作品则面向全市中小学生征集，提高了公众的参与性。

武汉地铁公共艺术虽然取得很大的进步和突破，但从整体来看，仍存在一些不足，如设计手法还有待进一步丰富；广告宣传板、LED显示屏等设施与室内空间不协调，妨碍了视觉体验；许多公共艺术被隔离于玻璃之内，降低了体验舒适度，难以引起共鸣，这些都说明设计与陈列应当从多角度全方位来考虑。（摄影：李小芬）

案例四

上海地铁

众所周知，上海近代以来迅速崛起，成为中国第一大城市，常住人口达2000余万。因此，上海地铁一开通，便成为人流巨大，行程里程渐居世界第一的城市轨道交通，超过巴黎、纽约、伦敦等城市。

独特的历史背景、经济条件，造就了独特的上海文化，也影响了上海地铁的公共艺术发展。继北京、天津之后，自1993年开始通车以来，上海地铁就重视公共艺术的介入，自由包容、东西并蓄的上海文化艺术环境也成为它的优势所在。随着2010年上海世博会的举办，上海地铁公共艺术得到了快速发展，增加了大量的绘画内容，如今，其覆盖率已达到20%。

上海地铁公共艺术除了采用大面积的以壁画为主要表现手法的作品之外，更结合空间，将设施、导引、照明及广告灯箱等进行艺术化。有的作品体现上海地域的人文精神，如上海犹太人、静安八景等，极受本地市民喜爱；有的作品则不局限于本地文化，而以现代性、国际性等面目展现其国际都市的形象，如一些壁画颠覆传统风格，以现代主义大色块、单色为背景，简约而明朗，营造出具有纽约大都会博物馆之风的氛围，这些作品现代风格强烈。一站一故事，而且每条线路都各具特色，如4号线，作为文化地铁线，以公益、文化、音乐、艺术建筑等作为主题，将地铁变成了文化传播的空间。

上海地铁中每个车站的装饰设计都各具特色。举例来说，有“上海最美地铁站”之称的同济大学站，善于将国画与光影融合，通过天窗将自然光线引入地下站厅。画作以散点透视构图，以春、夏、秋、冬四季将丞相故里桃花坝、三江口放筏、金秋庆丰年、深渡瑞雪等场景故事统一起来，呈现一幅风俗文化画卷。后滩站中“炫彩新潮”则颇具有互动性，玻璃媒体互动装置设计，当客流经过时，其管内小球会呈现

出波浪状的优美律动，使晶莹的玻璃呈现出潮水起伏的视觉效果。总之，传统与现代、地域与国际活用，是上海地铁公共艺术的一大特点。

2017年6月，上海举办了全国首个地铁公共文化艺术节，开幕仪式有两个主题，分别为1号线“党的诞生地·上海”主题与4号线的“流动的盛宴——地铁里的上海博物馆”，并于人民广场地铁站换乘大厅设置“文化长廊”。这次的地铁公共文化艺术节，不论是展品、表现手法，还是它所带来的影响，都使得它成为上海地铁公共艺术发展的一个重要节点。

地铁公共艺术正处在全面发展的重要阶段，上海地铁公共艺术也是如此，它正在进行大刀阔斧地改革发展，致力于把上海地铁建设成上海最大的公共艺术空间，打造具有流动性的新艺术展厅，对艺术表现形式进一步加以丰富。地铁公共艺术馆的出现，将推动艺术走出传统美术馆，以新的形式走进大众生活。

2.2.5 商业设施

商业空间设计主要从商业性出发，塑造品牌形象，营造舒适的购物环境，吸引更多的顾客前来购买。现在，生活、消费水平的提高，带来消费观念的转变，人们来到商场购物不再是简单的供求需要，他们对商场内的空间设计要求越来越高。商场设施的公共艺术往往与文化消费联系在一起，塑造出休闲、高雅、时尚的景观形象。商业空间中常见的载体有美术馆空间、艺术作品、公共装置、公共设施、艺术活动等。

案例一

北京侨福芳草地

位于北京市朝阳区东大桥路9号的侨福芳草地，紧邻CBD核心地带，是一座集顶级写字楼、时尚购物中心、艺术中心、高端酒店于一体的商业综合体建筑。侨福芳草地将艺术全面引入，使购物、办公与艺术融为一体，成功创造了一种新的模式。无论是在商业创意还是在创新设计的成果上，它都是无法复制的。作为北京最有“艺术范儿”的商业建筑，侨福芳草地被誉为“北京风格时尚与高品质的新地标”，除了艺术化商业氛围的跨界设计，其独特的建筑造型与功能布局、领先的绿色节能设计也是其高品质的体现。

侨福芳草地的艺术氛围营造极有特色。从商场入口开始，无处不在的艺术品便出现在人们眼前，2000平方米的公共艺术走廊、4000平方米的私立非营利性展馆、40余件达利雕塑，这些艺术品与建筑相融合，散发出独特的艺术气息。

在建筑造型上，金字塔般的外形将四座塔楼建筑连成一体，并大胆设计出国内首座长达236米的步行桥，桥体横跨建筑复合体之间。站在桥体之上，可以鸟瞰各个商户店面，不仅具有四座建筑之间通行的实际功能，还为顾客创造了丰富的艺术体验。在节能环保方面，为保证旁边居民区的日照时间，建筑师提高了建筑成本，使其与周围环境自然融合，实现建筑与环境和谐共处。

侨福芳草地致力于创造丰富、多变、高品质、富于活力和吸引力的都市场所感，环保设计与高科技结合，可持续发展理念与丰富多元的艺术氛围和谐共存，从而造就了艺术商业的典范。它的成功离不开公共艺术在其商业空间每一个细节中的运用。

案例二

北京西红门荟聚

北京荟聚购物中心位于大兴区西红门商业综合区，于2014年年底正式开业。它是以宜家家居为主力店，并具有400余家品牌商户入驻，致力于打造集时尚购物、休闲美食、娱乐聚会、文化教育等于一体的国际化标准的一站式购物中心。

快乐的生活之城，聚会之所，是北京荟聚购物中心的品牌理念。“宜家家居+购物中心”的创新商业模式以其丰富多元、便利舒适正引领现代消费时尚。同时，这种品牌理念还渗透在其公共空间环境的营造上。

北京荟聚购物中心采用北欧斯堪的纳维亚设计风格，倡导以人为本，注重个性。大体量、大空间的设计，无论是中庭、连廊都以“大”著称。钢架结构的玻璃天庭，自然采光，通透性强，并与LED格栅结合，节能降耗又富有动感。错落分布、自然衔接的连廊有效促进客流的循环走动。大面积的中庭，聚客能力强。另外，回形动线的设计让客流平均分布在荟聚中心的每一处。高敞开阔的公共区域为体验式商业提供充足的互动空间，优化了顾客的体验舒适度，使荟聚成为人们理想的购物、聚会场所。

在细节设计上，北京荟聚购物中心面积较大，对不同区域进行不同色彩设计，提高各区域的辨识性，并尽可能采用自然采光，减少内部灯光。室内多采用浅色调、原木色、波浪线条的设计特色，使空间更加自然、清新、舒适。

同时，许多品牌商户的进驻，极大丰富了北京荟聚购物中心的娱乐、文化、艺术氛围。公共艺术不仅体现在购物中心自身的规划设计中，也体现在这些品牌商户方面。

很多购物中心在追求“大”的同时，往往会带来一些弊端，如顾客容易迷失方向，尤其是呈不规则形状布局的公共空间。北京荟聚购物中心也曾遇到类似问题，因此，在公共空间的设计上，这一点不可忽视。

案例三

北京三里屯太古里

位于朝阳区中西部的三里屯是北京著名的酒吧街，年轻人经常会聚的地方，也是北京夜生活的中心所在。随着什刹海、工人体育场、五道口等区域的逐渐兴起，三里屯也面临着竞争压力。这时，太古里的迅速崛起改变了三里屯的发展境地。

三里屯太古里与酒吧街隔街相望，建筑面积十七余万平方米，致力于打造以年轻人为主要消费群体的时尚休闲购物中心。它分为南北两区，北区趋于包容创意、设计的高端先锋品牌聚焦地，以奢侈品牌、办公区域为主；南区则偏重于年轻人吃喝玩乐的休闲区，主要满足年轻时尚多层次的消费需求。南北二区集购物、休闲娱乐、艺术、文化交流于一体。

太古里不仅商业发展走在世界的前沿，其在艺术文化和休闲生活

的营造上也极其丰富多元，充分体现了它的人文气息。在这里，经常有艺术展、文创展等各种大型文化艺术交流活动，影响颇大，成为人文风尚的汇聚地标，全国人文商业体的典范。

与其高端时尚的人文形象呼应的是建筑艺术的融入。太古里的建筑整体相对统一，主要以现代化玻璃幕墙为主，并配以色彩各异的玻璃色块。单栋建筑外围都有独立的绿化带，体现了崇尚绿色自然的观念。建筑之间规划有一定的广场区域，是举行活动的场所空间。与建筑外观相对统一不同，各建筑内部风格则各具特色，但又均具有透光、宽敞的环境营造特点。

CUSTOMER
SERVICE CENTRE
客户服务中心

案例四 成都太古里

在国外，人们把注重休闲娱乐，为消费者构建全新生活空间的购物中心定义为Lifestyle Center（时尚生活中心），并且这种成功的商业街区案例在国外屡见不鲜。而成都远洋太古里作为开放式、低密度的街区形态购物中心，也是国内Lifestyle Center中颇具特色的一个案例。总体而言，成都远洋太古里的特色在于能够将老成都的地域文化、古建筑、国际创新设计理念、互联网背景下的商圈进行充分融合，以极其现代的手法演绎传统建筑风格，将其表现得淋漓尽致。

在规划设计伊始，远洋太古里就面临着周围旧有街巷脉络、历史建筑、老式住宅区面积大的问题。规划方案最终选择保留历史脉络，将古老街巷、历史建

UNI
QLO

wagas

筑与融入川西风格的新建筑相互穿插，营造出开放自由的城市空间。购物中心围绕千年古刹大慈寺而建，保留了笔帖式街、和尚街、马家巷等历史街道。在设计过程中，尽可能使都市文化与历史文化融为一体，同时，开放式的街区为周边居民提供了极大的方便，独栋建筑、空中连廊及下沉空间的巧妙组合，结合广场和街道的尺度，使街区成为天然的休闲、聚会场所。这种公共生活空间的建设、文化之根的传承在城市化快速发展的当下，具有很好的借鉴意义。

为了将成都的地域文化与周围建筑融为一体，远洋太古里遵循了“慢生活”这一原则，建筑密度低，街道开阔，在风格上融入简朴、现代主义的极简理念，在材料方面也力求朴素。整个区域建筑在繁华的核心商圈中，内高外低，疏密错落，巷子套巷子，相互联通，如同一个聚合的村落。同时将店铺本来的私有化空间向四面开放，转化为公共空间。这种错落的连续性使人在视觉上也有了连续的观感体验，迎合了消费者心理，更带来闲适感。

当然，成都远洋太古里在融入地域文化特征的同时，也注重现代时尚的商业氛围设计。整个商业中心分为“快里”和“慢里”两个部分。“快里”以时尚品牌为主，贯穿东西广场，建筑设计融入更多时尚元素；而“慢里”则围绕大慈寺，以餐饮文艺小店为主，主题为慢生活，打造双重生活体验。不仅如此，成都远洋太古里还充分考虑当今互联网背景下的商圈变化——电商的迅猛发展，实体商业受到极大冲击，体验成为实体店的一个突破点，太古里商圈凸显了各种消费娱乐的综合体，结合电影院、餐饮、服饰、美容、休闲等。

成都太古里的开放街区穿插着众多邀请海内外艺术家创作的现代艺术作品，如《漫想》《婵娟》《父与子》等，有些作品还面向市民征集意见，体现了公共艺术的互动性，而且街区里经常举行文化娱乐、艺术展览、品牌特别活动等，富有人文、时尚、艺术气息。

案例五 上海K11购物艺术中心

上海K11购物艺术中心地处淮海中路，2013年6月正式开业，是集购物中心、美术馆、餐饮中心等众多功能于一体的商业建筑，它将艺术、人文、自然三个核心理念融合运用到建筑中，致力于打造上海最大的互动艺术乐园，创造时尚的购物体验，为城市生活构建一个崭新的空间。

在规划设计上，上海K11购物艺术中心有许多创新之处。如建筑裙房外观改造时既保留淮海路历史建筑与新世界塔楼原始设计的同时，又对建筑物外观做了创新突破，为城市新兴生活方式提供了创新解决方案。尤其出色的是，整体建筑的动线采用了巧妙的“想象之旅”的设计手段，将K11的各个部分都与自然界明确相关（森林、湖泊、瀑布、垂直花园等），并在叙事顺序中彼此紧密相连。它是一条主线，贯穿了建筑内部充满想象力的各种体

验，在生活元素和自然素材的点缀下，与艺术展示区、公共空间和高科技错落交织在一起。呈现在大众眼前的不仅是一座购物中心，更是一座艺术博物馆、环保体验中心，使人们得到艺术欣赏、人文体验、自然绿化与购物消费等多元化体验。

在商品展示与门店设计方面，上海K11购物中心也突破了单纯依靠广告牌、商店门面和橱窗商品装饰的直观宣传展示手段，而是在许多大牌商店的门店采用与商场整体设计相统一的风格，并在这个大原则下进行差异化设计，特色化品牌商品展示。橱窗展示也是如此，采用平面构成中的特异手法，不同楼层中的设计统一中又有变化。

公共艺术在上海K11购物艺术中心无处不在，艺术典藏作品分布各个楼层，中心拥有3000平方米的艺术空间，与世界顶级画廊和艺术家合作，经常举行艺术交流、互动、展览、沙龙、演出等活动，并通过官网、新媒体等进行全方位多角度的互动。

从整体定位来看，上海K11购物艺术中心通过艺术人文与商业的结合，打破商品与艺术品的固化属性，让艺术附着商业，商业带领艺术。它强调了文化的内涵，注重消费者的购物体验，创新服务模式，对当下的购物中心有很好的借鉴意义。未来的购物中心发展，将更加注重多元化、个性化、体验化，不再过分关注主力店，重视每个店面的规划设计，实现产品价值最大化，从而提高总体综合水平。公共艺术在商业设施中的发展将会得到更大的突破，发挥出更大的社会价值。

2.2.6 大型公共设施

大型公共设施在城市中具有重要的实用性功能，是城市不可或缺的一部分。它涵盖医疗、文化、运动、交通、娱乐等各个领域，如医院、图书馆、博物馆、电影院、公立学校、体育馆、火车站等。由于其公共性，大型公共设施常常成为一个城市文化的发生场所，是公共艺术的重要载体之一。

案例一

武汉武商摩尔城电影院

如今每座城市都有许多的电影院，但是电影院的模式总是相似，当放映的电影相同时，以巨幕、3D来吸引人的方式越来越不被看好。此时，电影院设计上的独特性便成为影院吸引观众的手段。

由壹正企划设计、获得IF设计金奖的武汉武商摩尔电影院，建立于2011年，其独特性就在于呼应时代的数字化主题，创新性地引入“数码概念”，建立“像素形象馆”，以像素“Pixel”元素贯穿整个超过8000平方米的空间，前厅、影厅内部、文化展示区到处都能看到象征“像素”的矩形盒子（Pixel Box），就连洗手间也是如此。

一走进影院，一堵长40米、高4米的数码概念墙首先映入眼帘，墙上分布着许许多多交错排列的“盒子”，其中几块凸起，组成“Pixel Box”字样。墙下部突出的一排盒子，可以用作休息的座椅。这样的设计与其践行的“抽离现

实，投入电影的世界”的理念契合，当人们走进影院的第一刻，感受到这样的气氛，就已经慢慢离开现实，如同电影的前奏，一步步进入电影的世界中去。

椭圆形影视大厅是由6000多块镜钢及发丝钢片打造，营造出一个立体的空间，在灯光的作用下熠熠生辉，气势不凡，带来丰富的视觉效果。大厅墙面上不时凸起的“盒子”，形成一种韵律感。售卖商品的地方由不同高度的立体盒子分别代替冷藏柜、爆米花展示柜和收银台。亲子电影厅则注重生命活力的体验，以绿色为主色调，地面铺上橄榄绿与灰色交织的方格地毯，座椅上也用上深浅不一的绿色布料，营造出轻松自然的环境。其他如电影文化长廊、艺术书吧、洗手间等，也是各具特色，充满现代、时尚的气息。

武汉武商摩尔电影院从电影与像素的关系入手，以此为主轴，将正方形立体化，用象征像素的盒子作为造型元素，并通过独特的3D手法体现在影院的每一空间，引领观众真正走进虚构的电影世界中。它的成功设计，是公共艺术手段在公共设施中的一个很好运用。（摄影：李小芬）

案例二

清华大学艺术博物馆

近年来，国内高校博物馆发展较快，并逐渐在博物馆行业崭露头角。但截至目前，真正实现艺术与科技的结合、打造数字化艺术博物馆的并不多，而清华大学艺术博物馆却是其中的佼佼者。

建筑本身就是一件艺术作品。清华大学艺术博物馆融汇古今，博采中西之长，由瑞士著名建筑设计师马里奥 · 博塔设计，场馆建筑占地约1.5公顷，总建筑面积30000平方米，展厅总面积约9000平方米，也是目前中国高校博物馆中面积最大的一座。它落成于2016年，同年对外开放，面向学校师生、社会大众。

清华大学艺术博物馆在突破办馆资源单一、开放程度低、交流活动缺乏等方面的创新具有显著特色。其馆内收藏极其丰富，积累了自20世纪50

年代以来60余年的数万件作品收藏，涵盖书画、染织、陶瓷、家具等领域，其中不乏精品。针对这些馆藏作品，博物馆采用了先进的科技与信息技术，通过数字化摄影、摄像和扫描技术，保存高质量的影像和图片资料，并对作品文字进行整理分析，充分运用视觉化、语言化的手法，使藏品的展现形式打破时空局限，从而丰富多样，变得智能化、趣味化和直观化。人们可以在网上看见这些藏品高清晰度的3D效果及获取多种信息。同时，为了扩大交流，实现资源共享和互补，促进互动，清华大学艺术博物馆还多次举办兼具思想性、艺术性、教育性的公共教育活动，并与国际著名博物馆及国内博物馆进行合作，注重古典与现代、艺术与科学的内外交流，这也体现了它的公共性、共享性和互动性。

总之，作为一个数字化博物馆、人文类博物馆的先锋，清华大学艺术博物馆在建筑、技术、艺术、体验四个方面都进行了统筹，不论是建筑外观、智能系统还是内部空间设计、设施装置都体现了它的国际一流水准。其适用性、科学性、艺术性的兼顾，统一为它彰显人文、荟萃艺术的功能而服务。

2.2.7 社区与校区

社区是指居住在某一区域或范围内的人群所构成的生活共同体。随着近现代城市化发展，社区在构成与形态上发生了很大的变化，不再具有德国社会学家滕尼斯当初提出的特点。由于人的异质化、流动节奏的加快、城市生活的压力等因素，导致人际关系淡漠，凝聚力减弱。即使生活在同一个社区的人们，也缺乏共同的话题和交流，居民对社区公共生活缺乏责任感、投入感、归属感。因此，重建社区文化，凝聚社区向心力，改善社区居住环境成为当代社区文化建设的重要内容。

案例一

深圳人的一天

《深圳人的一天》是一组大型纪实性群雕，这些大型雕塑位于深圳园岭居住区南侧。作为城市的公共空间，它具有鲜明的特色和极高的社会价值。

顾名思义，《深圳人的一天》所要表现的即是体现深圳城市生活特色的真实场景。这些雕塑选取了具有典型特征的18类人，如中学生、儿童、医生、公司职员、清洁工人、教师、股民等，依真人等高等大，采用青铜、花岗岩制作。主体之外，辅以浮雕墙、凉亭、绿化、灯光、音响等环境设施，呈现出有关这一天的城市生活资料，如城市的基本统计数据（总人口、面积、行政区划、年龄与性别结构、人均收入、寿命、居住面积等）以及天气预报、空气质量报告、股市行情、农副产品价格、影视预告等，补充叙述场景人物、故事的完整性，凝缩再现城市生活中平凡的一天。

前期的问卷调查中给予设计师们设计灵感。这些创作对象选取的随机性，充分体现了让公众真正成为公共艺术主人的平民化思维理念。它以高度纪实的手法，截取了城市生活的一个横断面，凝固住城市生活的一个极其普通的时刻，

没有夸张也不刻意，既不拔高也不贬低，完全以原生态的方式，忠实地记录城市的历史，客观反映出城市居民的生存状态。相比同样让平凡人物和普通事件走进公众视野的北京王府井、成都春熙路的雕塑作品，它更具有代表性。

《深圳人的一天》首先打破了传统纪念碑雕塑的固化观念，也改变了雕塑以及公共空间与大众的关系，注入艺术学、社会学、人类学等思维理念，提供了一种全新的叙事角度和方法，是传统城市雕塑创作中的某种语言学转向的风向标。作为国内首次与民众发生直接密切联系的大型公共艺术计划，它的创作方法和具体实施过程成为国内公共空间规划设计的典范。另外，其中所体现的“让社区居民告诉我们怎么做”的哲学思考也为国内公共空间中公众参与机制提供了一种思路。（摄影：蔡翠玉）

案例二

四川美术学院虎溪校区

在众多的美术学院中，四川美术学院虎溪校区是一座很有特色的学校，在这里，传统与现代、乡土文化与都市文化水乳交融。你可以见到原生态的乡

村、农作物、稻田、石雕门、石牌坊、泡菜坛子、破旧的老式大床、亭台、石桥和公园式的小山石径，也可以见到各种现代雕塑、涂鸦、建筑等。这样的兼容并存，赋予这座学校极其浓厚的巴蜀地域特色和艺术气息。

四川美术学院虎溪校区采用了“农村原生态”的独特设计理念，这种特色理念与20世纪80年代乡土绘画发端一脉相承。整个校区占地67公顷，为了体现自然生态的和谐，不破坏原生态的山际线、天际线，校区建设不挖一座山，保留原有的山头，连农舍、水渠等建筑设施都一并保留。在农村征地拆迁、旧城改造的浪潮下，虎溪校区在营建中却选择了历史记忆的延续，既对场地进行了保护，也表现了对人的尊重。校区采用尽量低的成本、尽量少的人工投入与最低限的设计，以尊重、让步、限制为主导。它的规划不是重建，而是在原有基础上将校园功能“植入”。规划从一开始就进行大量的留白，为学校的未来发展预留出充分的土地和空间，体现了校园规划与发展的可持续性。

乡土的重现与再造，是四川美术学院虎溪校区的自觉选择。避免大面积的开挖填土，只进行必要的微地形处理，为校区留下了原汁原味的山地特色；原生场地中的土壤、植被、水系等已经形成天然的良性循环，校区依循原有的水系整理水渠，增添一块池塘。在坡地梯田景观的基础上，“荷塘-稻田-鱼塘-溪流”的山地湿地生态系统中的汇水、循环也是完全沿用了农田景观的方式。

四川美术学院虎溪校区中的现代、传统、街头、乡村，似乎有些荒诞芜杂，却正体现了其凸显地域文化以及“博采与融汇”的开放包容精神。在保护原生地域特色的背景下，四川美术学院虎溪校区颠覆了校园传统格局，代之以自然景观为空间主体的特色，成为田园式公共艺术项目的典范。来往人们不仅把它看作一座艺术校园，还将这里视为一个富有生活气息的赏春之地、回忆巴蜀的公园。

案例三 中央美术学院校区

中央美术学院新校园位于北京市望京的大窑坑东部，落成于2006年，由吴良镛院士领衔设计。新校园采用平铺式布局，罗马万神庙式风格，以中央庭院为中心，前为宽阔、庄重的广场，后为以水为主题的互通的梯形庭院群，形态各异，环境优美。

这个整体协调、空间层次丰富、别具雕塑感的建筑群，充分发挥了中国式古典书院格局与西方大学格局的各自特色，结合地段、环境、人文，融建筑、园林、规划三个理念于一体。在规整之余，也充分结合丰富的几何造型，穿插嵌入方形、圆形、三角形等于建筑之中。不同的建筑之间在色彩、风格上也互相呼应。无论是从功能还是艺术审美等方面，中央美术学院新校园都独具特色。

景观的营造与环境的生态处理是中央美术学院新校园的亮点所在。校园西侧原为南湖公园，因建筑垃圾填入导致水面消失。面对生态错位，规划设计者决定将废弃之地加以改造，采用积极策略进行环保处理，利用其现实生态位，变垃圾坑为沿环形台地向公园方向延伸的层层跌落的景观结构。并在原有基础上，增加小山林、绿化看台，利用落差地势，设计了下沉式体育场、露天剧场及系列庭院空间，丰富了空间的趣味性与吸引力。这种景观营造不仅减少了建筑施工量及成本，还合理利用了环境资源，开发了潜在的生态位，符合绿色建筑评价标准中对选址的要求。因此，中央美术学院从生态现实出发，从功能需求与审美需要着眼，敢于积极改造，并加以创新，善于将文化、环境、造型、效用等结合的设计思维，值得城市公共空间规划建设者学习和参考。

案例四

石家庄戎冠秀与子弟兵

《戎冠秀与子弟兵》位于河北省石家庄市，是以红色经典人物戎冠秀为主题的公共艺术。生于19世纪末的戎冠秀在过去战乱的岁月里有着非同寻常的革命经历，年轻时便加入了中国共产党，为八路军筹备过粮草，当选过妇女救国会会长，参加过开国大典，受到毛泽东、周恩来等国家领导人的接见。新中国成立后，戎冠秀又积极致力于大生产与学校发展建设，用其无私奉献的一生演绎了一位拥军爱国的无产阶级先锋、劳动模范，有“子弟兵的母亲”之称。2009年，更被评选为新中国成立以来感动中国、为国家做出杰出贡献的“双百”人物。

花岗岩雕塑围绕着戎冠秀的人物背景与事迹，整体似一面旗帜，以横向构图刻画了戎冠秀子弟兵母亲般的伟岸、无私精神；浮雕上则以艺术的手法再现她带领妇女救国会会员日夜忙碌，送水送饭、慰劳军队、抢救伤员，致力于粮食生产、学校教育等生动场景。《戎冠秀与子弟兵》凭借其生动的艺术表现，凸显红色文化，具有鲜明的纪念意义和社会教育功能，曾入选由全国雕塑建设指导委员会评审的优秀雕塑名录。

作为一个革命题材、以现实主义手法创作的雕塑，《戎冠秀与子弟兵》讴歌了拥军爱民、无私奉献、不畏艰难、团结奋进的红色精神，提醒人们不忘过去，珍惜和平，是一部鲜活的爱国主义乡土教材，有利于凝聚城市文化的向心力，推动城市精神文明建设。

2.2.8 重要的标志性节点

重要的标志性节点是指城市的地标，主要以标志性的建筑、雕塑、公园等公共艺术形式呈现，最为常见的形式是城市雕塑与纪念碑。

案例一 青岛五月风

作为中国近现代史的分界线，1919年的五四运动在历史上的意义自然深远，而五四运动的导火索就是巴黎和会上中国关于山东问题特别是青岛主权问题的谈判失败。位于青岛五四广场的五月风雕塑正是抓住这一重大历史事件而设计。它不是属于某一个人，而是真正属于一座城市。

青岛五月风雕塑成为青岛最新的城市形象标志，这与它的象征寓意分不开。五月风雕塑以钢板为材质，高30米、直径27米，呈螺旋上升的火炬造型，手法洗练，线条简洁，质感厚重，周围的林带将其烘托而出，塑造了蓬勃向上、腾空而起的雄风气象。它凭借积极向上的正能量感染了无数游客，是了解百年青岛和民族荣辱兴衰的一个很好切入点，因而入选中国十大"正能量"城市雕塑。

五月风雕塑与广场一并修建于1997年，正处五四广场中轴线上，紧邻市政府办公大楼，更突显其庄重。从整体来看，它与南面浩瀚的大海和周围的园林融为一体。广场上的旱地定点喷泉和海上百米喷泉也各具特色。旱地定点喷泉可按不同形状、高度进行喷射；距海岸堤坝南160米的海上百米喷泉则是我国第一座海上喷泉，先进的高压水泵技术的运用使得喷泉喷涌的水柱效果极其壮观。另外，利用海滨城市的天然优势，广场的亲水性带动了区域的互动体验。因此，五四广场在突出城市历史纪念与新时代下正能量传递的同时，兼顾了娱乐、休闲、文化的公共功能，它们相互联系，丰富了功能设计。（摄影：张彦）

案例二
日照帆塔

城市雕塑代表着一个城市的文化品位和市民的精神风貌，但城市雕塑的成功与否，与有没有把握住一个城市独特的文化属性有很大关系。因“日出初光先照”而得名的日照市，临近黄海，是典型的滨海城市，这里有着深厚的文化底蕴，海运较为繁荣。日照帆塔正是立足于日照独特的阳光文化、海洋文化、水运文化而设计的。

日照帆塔位于日照水运基地，又被称为水运基地目标塔，因以船帆造型而得名。帆塔总高近60米，由上部雕塑和下部建筑组成，上部雕塑17层，是水运基地的最高点，并与不远处的“世纪之帆”建筑彼此呼应。同时，帆塔在设计中注入了动感的美学，当远眺伫立在水边的帆塔时，就像一叶在大海中航行的帆船，生动逼真，成为日照市海边的地标性建筑。而且，帆塔的设计不仅具有观赏性，还有实用性，它东侧正对水上运动基地的赛道终点，是作为电子裁判和终点裁判计时场所而设计的。

由此可见，帆塔作为公共艺术，它的创意体现了尊重自然原生态、重视地域的生态文化性，将阳光文化、海洋文化、水运文化，尤其是后二者充分与水运基地的内涵、功能相结合起来，它所体现出的整体文化价值也是其公共性在更广义上的一种延伸。不过，帆塔也有不足之处，它对迪拜的“帆船酒店”的模仿以及与周围环境的不协调等问题，值得公共艺术设计者去探讨和规避。

案例三 营口之帆

辽宁营口之帆雕塑的建立与营口市乃至辽宁营口沿海产业基地的经济发展有着密切的关系，具有历史记忆与未来展望的象征意义。从东北地区老工业基地振兴战略的提出到新一轮振兴机遇的到来，辽宁营口沿海产业基地凭借优越的地理位置，抓住机遇，大力开发建设，力图将基地打造成为未来营口市以及整个辽东湾区域的政治、经济、文化、教育、信息和商贸休闲中心。

营口之帆雕塑即位于辽宁营口沿海产业基地内，从其经济发展内涵与诉求出发，充分结合营口滨海的地域文化特点，选择“船帆”为造型，而向上升起的帆船造型象征扬帆起航。这种简洁明了的设计语言，明确表达了辽宁营口沿海产业基地蓄势待发、乘风破浪的饱满信心与改革创新发展的决心。从这里也可以看出，营口之帆是海洋文化与现代文明相互融合的典型物化载体，它更注重的是通过公共艺术将一座城市精神的凝聚。

另外，营口之帆雕塑作为公共艺术，它的艺术性集中体现在它的充分融入周围环境之中。营口之帆形体挺拔向上，与相对空阔平坦的周边形成对比；而白色烤漆的设计，与地面的绿色、天空的蓝色也形成鲜明对比，营造强烈的视觉冲击。作为公共艺术，它在为营口增添了亮色的同时也树立起一座新的地标。营口之帆以扬帆出海的立意，以其所赋予的城市精神激励着人们共同进取的斗志，促进辽宁营口沿海产业基地的蓬勃腾飞。

案例四

深圳孺子牛

孺子牛雕塑是深圳城市标志性雕塑，现位于市委大院门口外的花坛上，落成于1984年7月，由著名雕塑家潘鹤创作。整个雕塑重达4吨、长5.6米、高2米，以花岗岩为底，塑造了一只头朝地，双腿后蹬，肌肉有力张开的开荒牛的经典形象，它的线条厚重不失动感，爆发出蓬勃的生气和力量，曾获得第六届全国美术作品展览金奖，受到社会广泛的关注。

一座好的城市雕塑不是独立存在的，而是和城市的文化精神、发展现状有着密切的联系。深圳孺子牛雕塑就是凝聚了深圳的城市精神而建的。改革开放前期深圳特区设立，奋力开拓、改革创新的开荒精神正是当时的潮流。深圳市政府没有采取狮子、莲花、大鹏等方案，而是选择“开荒牛”，以树根寓意落后、封建、陈规旧习，将其连根拔起，这正是深圳当时处于百废待兴中的开荒精神的写照。而且，孺子牛也让人联想起鲁迅“俯首甘为孺子牛”的名句，寓意着甘心为人民大众服务。作为兼具思想性与艺术性的城市公共艺术，孺子牛雕塑以其勤勤恳恳、富有冲劲及创造力的精神气质已经融入到深圳特区发展中，见证了深圳改革开放三十余年的发展崛起，并联结着过去、现在、未来。

另外，孺子牛雕塑位置的迁移，也体现了它的亲民性和开放性。它原来位于市委大院院内，雕塑落成以后，来观赏合影的市民渐多，因此政府决定将雕塑移至现在的位置，既是顺应了民意，也说明一座好的雕塑是属于一座城市的。（摄影：蔡翠玉）

案例五

石家庄胜利之城、时空穿越及生命之树

石家庄在中国近现代史上有着重要地位，而矗立在石家庄老火车站站前广场的胜利之城雕塑即是基于这样的历史背景。读懂了一座雕塑，也就读懂了一座城市骨子里流淌的红色精神。1947年11月12日，是石家庄历史上里程碑式的一天。中国人民解放军经过6个昼夜的激战，终于取得了解放石家庄的重大胜利，它是中国人民解放军战略反攻夺取的第一个华北大城市，成为夺取大城市的创例，实现了中国共产党从农村向城市转移的第一步，为解放全中国打下坚实的理论与实践基础。

胜利之城雕塑的设计就来源于此。为了纪念中国共产

党成立九十周年而敬献，2011年7月1日正式落成。雕塑分为上下两个部分，整体通高12米左右，主要由飘扬的红旗和28名持枪欢呼的战士构成。奋勇直前、士气激昂、积极向上的姿势与漫天的红旗象征着战争的胜利，寓意着一颗划破黑暗的胜利之星落向中华大地，燃起熊熊之火，照亮解放全中国。

这座雕塑作品对于石家庄城市的意义在于，它从石家庄城市的光荣革命历史这一实情出发，探寻城市文化的根，塑造城市文化的魅力，从而既铭记了历史，又体现了新中国成立以来石家庄人的进取精神。纪念过去，不仅仅是歌颂辉煌历史，更是着眼于城市当下和未来的发展。

下面案例为石家庄广电大厦前“时空穿越”，是历史上的古中山国人与现代人携手创建石家庄城市文化的趣味性表达。

案例六

广州五羊石雕

广州的石雕众多，但能够成为广州第一标志的则是五羊石雕，它源于广州“五羊衔谷，一茎六穗”的神话传说。广州阳光充足，气候温和，雨量充沛，农作物繁盛，可在先秦时代，岭南地区较为落后，传说的出现正是古代重视农业文明的广州人向往谷物丰收的美好生活的反映。这个神话世代流传，影响深远，这也是广州别名“羊城”“穗城”的由来。五羊石雕的特色就在于它是立足于这个神话传说而加以设计的。

1959年，根据“五羊衔谷”的神话传说，雕塑家们发挥其超人的想象力，创造了五羊塑像。它位于越秀山的木壳岗上，整体高11米，用花岗石雕刻而成。五只羊大小不一，最高处的大山羊正居中心，口衔“一茎六穗”的谷物，昂首远视，深沉雄劲。其余诸羊则神态各异，或饮水吃草，或游玩嬉戏，或舐犊情深，总之，这些羊姿态各异，惟妙惟肖，使得神话传说中的五羊更富有生活气息。五羊雕塑构思巧妙，又根植于本地文化，赢得了人们的喜爱，不仅成为越秀公园的著名景点，也成为广州对外宣传的形象标志。

2007年第十六届亚运会的会徽也是设计者从五羊石雕中汲取的灵感，从而设计出了类似“五羊”雕塑标志的圣火图案，设计同样获得了大家的认可与喜爱。

正是因为五羊石雕的影响力，越秀公园于1990年将五羊石雕景点拓展成“五羊仙庭”，由原作者尹积昌主持创作浮雕，并增设其他建筑设施。作为公共艺术结合地方传统民俗文化的典范，五羊石雕也具有借鉴意义。

2.2.9 乡村

在改革开放后的城市化建设洪流中，大量的农村人口涌入城市，每年珠三角、北上广等地区都经历着移民潮。逐渐落寞的乡村开始出现一系列的社会问题，引起社会的广泛关注。而从古至今，乡村都是维系社会稳定发展的基础，是中国社会建设的根基。

我国乡村聚落是以农业为主要经济活动形式的聚落，源于聚居的人类本性和需求而大量自建房屋等组成的一个耗散结构。随着社会的发展，它与外界系统的联系越来越紧密，呈现出动态的、非均衡的开放式系统的特点。

作为乡村居民生活必须空间的乡村公共空间，是形成特色乡村文化和空间变化的载体。公共艺术在城市中的成功实践，给乡村公共空间建设注入了新的方向。将公共艺术引入乡村，有利于完善基础设施，也可以使公共艺术产生文化教育方面的意义，推动乡村的精神文明建设。而且，当公共艺术介入乡村，可赋予乡村新的经济活力，从而带来“乡村活化”的效果，让更多的年轻人回流乡村，这也是当今需要努力的方向。

由于历史原因和地域特点，在运用公共艺术时，应当注重艺术设计的因地制宜，注意选材本土化及其再生性。不仅如此，为了提高积极性和互动性，应让本地居民积极参与到艺术项目的建设中来，使公共艺术能真正融入当地乡村生活之中，为居民提供一种新的生活方式。

案例一

青川感恩奋进文化景观墙

四川省青川县在2008年“5 · 12”地震中遭受严重灾害，原本秀美的川北小城几乎被强震夷为平地，城市公共空间支离破碎。在灾后重建中，城市美化作为美好家园建设的重要载体，受到各级政府的高度重视，列入了新青川重建规划。为展现青川抗震救灾、灾后重建的史诗般的历程，感恩奋进文化景观墙在青川政府和人民的呼声中诞生了。

地震严重影响了位于县城新老城区结合部的桅杆梁山体，使其地质状况变得极不稳定，随时都有可能发生落石滑坡的事故，对坐落在山上的乔庄中学构成潜在的威胁。为固化山体，工程中采用了抗滑桩挡墙设计。体量巨大的坑滑桩钢骨水泥挡墙，使得山体百年永固。固化山体形成的近3000平方米的灰色单调墙面，成为公共艺术创作的天然载体。而浮雕艺术的叙事性、抒情性，则是最好的表现形式。

感恩奋进浮雕墙长 230 米、高 12 米。墙体主题浮雕共分为四个部分，从右到左依次为远古历史、抗震救灾、灾

后重建和生态青川，以分段叙事的方式展示青川的风土人情、历史文化和众志成城、自强不息的抗震救灾精神。

浮雕墙形象地记载了青川从“5 · 12”抗震救灾到灾后重建，再到发展振兴的全过程。一幅幅雕塑、一个个场景，都是对青川人民自强不息、感恩奋进的伟大抗震救灾精神的见证，是对来自浙江援建人员的顽强拼搏、苦干实干和无私奉献的见证，更是对川、浙两省人民心手相连、深情厚谊的见证，形象地表达了青川人民对浙江人民无私大爱和倾情援建的感恩之情。浮雕塑造了浙江援建干部的群像，并将 379 名援建干部的名字镌刻在青川版图上，表明浙、川友情必将生生不息、世代传承，这也是修建感恩奋进墙的目的所在。

感恩奋进墙的浮雕采用花岗岩、不锈钢等综合材料雕刻塑造，在艺术表现上将写实与抽象相结合。浮雕墙外形结合了城与山的意象，象征着抗震救灾和灾后重建中，青川人民与全国人民尤其是浙江人民团结如山、众志成城，象征着震不垮的青川脊梁。同时，浮雕墙也形成了连绵起伏、错落有致、气势磅礴的视觉效果。浮雕中间以V字形裂缝构成视觉中心，结合景观梯步，形成可进入的景观场所。同时，V字形也是地震断裂带的意象。整个墙体造型如同大鹏展翅，象征青川在地震中涅槃重生，走向辉煌。

夜晚，璀璨和谐的灯光照射在浮雕表面，景观墙成为青川夜晚最亮丽的风景。项目荣获“第四届中国环境艺术奖”创作奖。

案例二

石节子美术馆

甘肃省天水市秦安县叶堡乡有个石节子村，整个村只有13户人家，这13户人家像鸟巢一样，依山着势分布在五层台地上，面朝黄土沟，背靠黄土坡。就是这样一个地方，却被誉为“当代艺术的村庄”，成为种在黄土地上的美术馆。

与其说他们拥有一座美术馆，不如说是由13个分馆组成的石节子美术馆。这座美术馆主要收藏、展示、研究村民生

活和艺术家作品，定位于村庄综合艺术博物馆，是由艺术家靳勒发起，艺术家与村民共同创立的，正式开馆于2009年。

走进村内，丰富多样的艺术作品随处可见，其中不乏风格朴素、充满农村生活气息的作品。在通往县城的山路旁，高土崖上“石节子美术馆”六个大字最惹人注目，成为石节子村的一个标志。可谁也想不到，它是出自一个不认识字的老妇人之手，照着人家的字一笔一笔地“画”出来的。

石节子美术馆每年不定期举行各种艺术活动，邀请艺术家、批评家和策展人走进石节子村进行交流互动，同时，他们也带领村民走出去，了解村庄以外的世界。在这些交流活动中，主办者充分尊重村民，大大提高了村民的参与性和互动性。如“石节子电影节”，与北京“造空间”合作的“一起飞——石节子村艺术实践”，西安美院公共艺术课程在石节子村上课等，这些活动将公共艺术尽可能地渗入到村庄里。

这座被艺术改造的山村，逐渐得到媒体的关注，大大改善了村庄的生活条件和生活环境，如马路的修建、路灯的装配、引水进村等。交流活动的增加，也让村民受到艺术的熏陶，促进了环保意识的提高和自我形象的提升。这些看似微妙的变化，恰是公共艺术在村庄中实践带来的影响，也是靳勒思考“艺术能够给村庄带来什么”而给出的答案。

把公共艺术分享到村庄，让村民参与进来，与艺术、艺术家、外界发生关系，展开交流对话，给村民创造重新认识自己的机会，从而给村民带来自信，并让更多的人关注村庄、改变村庄，成为新农村建设一种新的可能。

案例三 羊磴艺术合作社

羊磴镇隶属贵州省桐梓县，位于渝黔交界处。这个地处偏僻、闭塞、平凡的只剩下一条小河的小镇，和千千万万的中国小镇一样毫不起眼。然而，相对于其他地方，这里保留了许多乡村传统手工和生活方式，尤其是这里木匠众多。2012年，焦兴涛于此发起“羊磴艺术合作社”这一艺术实践项目，和山民“商量着做艺术”，希望能让艺术重回生活现场，在日常生活中重建艺术和生活的连续性。

如今，现代板式家具以及塑料制品逐渐取代传统的木制家具，逐渐影响农村的主流消费形态，致使“木匠”陷入困境。“羊磴艺术合作社”就是在这样的背景下产生，目的是为了创造一个艺术家和当地山民、手工艺人之间的合作、互动平台。这个平台并不是一个实体组织，不具有盈利特征，只是艺术家以艺术的方式介入，从而产生艺术与羊磴的简单关系。

为了组建“羊磴艺术合作社”，项目组首先要打破木匠们的传统思维，唤起他们对手艺的信心和兴趣，经过尝试和改变，木匠的兴趣和潜力被激发出来，纷纷提出要加入进来。项目组不仅推动乡村木作，还试图与木匠们合作，将它延伸到生活的其他方面。如“冯豆花美术馆”的打造就是在项目组的介入下完成的。“羊磴艺术合作社”的这些计划得到当地许多人的支持和参与，如今，有些土生土长的木匠在“羊磴艺术合作社”的影响下，也开始走出羊磴镇，办起自己的展览。

艺术家走出工作室，在各类场所中进行艺术创作，让艺术“自然生长”，作品最终不只是一个物件，而是变成了一个事件。艺术家通过这种方法，与“羊磴”发生关系，以此来反思“艺术”。艺术与特定地域共生的艺术实践，具有美国批评家格兰·凯斯特“合作式艺术”的特点，艺术家在特定地点展开合作式项目，展开广泛互动和分工。互动式的参与过程本身被看做这种创新实践的一种形式。

案例四

西南田野创作社

田野创作原是学生外出写生、立足现场的轻松创作方式，如今，田野创作也是公共艺术教学实践的手法之一。它规避了简单的大地艺术样式的再现与堆砌，而是试图以一种对话或关系美学的诉求来面对现场，从观念的产生、场所的选择、材料的运用到作品的形式等，都力求根植于现场，生长于现场，从而作用于现场。从2014年开始，西南田野创作社近60人来到中山古镇、束河古镇等多个西南乡村现场进行公共艺术实践。

中山古镇，距离重庆市96千米，俗称“三合场”，是历史上西南有名的码头之一。现在，这个依河而建全长1千米多的狭长古镇也变得有点冷清，空巢老人较多。

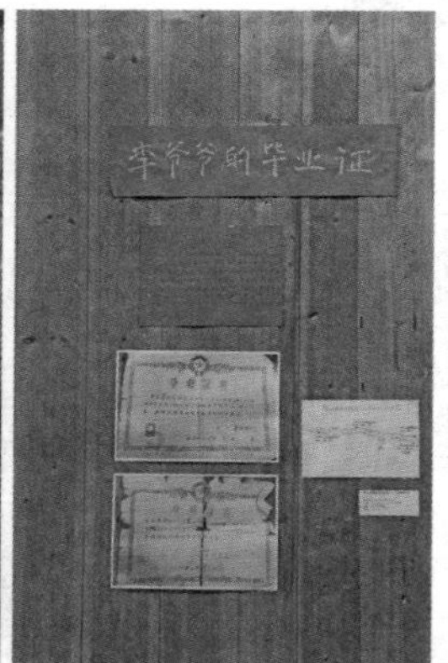

社员们在古镇范围内自主选择一个场所，采用四个人一组的方式进行创作，完成了13组有趣的作品。归纳起来，主要有以下几种类型：

1.参与性艺术与公众互动

中山古镇流动美术馆——老物件儿

社员们对整个古镇街巷家庭中珍贵的老物件进行了调查，用他们的方式让物件成为展品，让其所在的家庭房间成为美术馆。通过手写邀请函、张贴海报，吸引游人和当地居民来寻找、参观……他们巧妙地运用了“流动美术馆”的概念及形式，促成人们重置一个古镇的感性经验，形成开放式、参与式古镇场所特性揭示。同时，作者在美术馆志愿者一般的身份扮演过程中，完成了对现今快餐式旅游的一种轻松的批判。

潮牌

关注的是古镇的老龄化和空心化问题。社员们选定居民聚众打牌的古镇茶馆，将年轻人间流行的杀人游戏与古镇传统长牌相结合，重新设计出一副老年人和年轻人都乐于接受的“潮牌”。看似游戏，却透露着某种荒诞和乌托邦式的寄予。实际上，它也提供了一种开放形式，让两代人和不同地方的人能得以相遇并达成某种共享的关联。

小镇故事

采取了集物制的形式，收集小镇上的“陈年老事”，盛放在酒瓶里，连同让观众写故事的空瓶一起高低错落地悬挂在古镇的楹联广场，这样的晾晒故事，形成一道独特的风景。开放式的阅读和参与，分享成为作品的核心追求。作品中的故事改变了空间的意义，将公众与古镇的历史联结起来，突破了简单的视觉形态的束缚。

二对一

痴迷于用自己的身体和行为来表达观念。在他们的作品中，通过简易的游戏规则，让不同的人群在这里产生互动、联系，轻松愉悦地实现了人与人的“在场”和沟通。

2.重塑现场与空间活化

微茶馆

源自社员们对中山古镇深入的田野调查。他们从当地取材，录制了当地传统茶馆的评书，以精微的手法在树洞里做了一个微缩的茶馆一角。当地评书滚动播放、灯影斑驳、岁月静好……微观化的剧场形式、视觉与听觉的相得益彰，让它们看起来既熟悉又陌生，刺激人们的好奇心，吸引人前去围观。它唤醒了人们对古镇文化的记忆，并创新性地让残破的树洞变成彰显古镇及其居民历史的窗口，乃至于成为收集古镇文化标志的契机。

缘

用红绸布将当地最古老的石桥捆扎起来，在桥面上打成许多婚俗里常用的绣球结。这样的覆盖显现了视觉上表面的张力和体积形态，在厚重的河石区域重建了一个轻盈柔软的形体。红色与潺潺流水、青翠河岸构成的强烈对比，让作品充满了令人探究的仪式感和视觉冲击。这种恰到好处的设计改变了石桥存在的形式，将石桥置放于临时性的保护状态，似乎等待一种迁移。从某种角度上来说，这种“形体化”的行为在探究古老的石桥潜在与显现的双

重意义，作品被间接赋予或重新创建另一种纪念载体的象征意义。这件作品虽然融合了当地每年阴历七月初七99对新人走过这一古石桥的风俗文化元素，却以包裹艺术的形式，异化了我们的日常经验，集中凸显了桥的多重隐喻。

线下

利用线的质感和色彩对树下空间进行介入，线和老树之间发生关系，形成对比，构成一个新的景观。垂下来的一根根线条对空间和光影进行分割，为广场激活了一个供人参与的建筑空间。

3.批判思索与生态呵护

五彩经幡

社员们沿着中山古镇的母亲河——龙洞河，收集了1026个垃圾袋，在河流上拉起一个“五彩经幡”——像是聚集了某种能量在河面上的瑟瑟诉说。这种针对古镇旅游带来的环境问题进行批判反思的形式，是对公共空间一种特别的介入方式，它与环境相互融合，

加上作品空间、色彩及水面倒影的精心布置，让人容易接受，从而将其批判、反思意义进行了升华。

囚

关注野生动物保护，作品利用当地民间竹篾工艺，设计了特别的头套，以行为的方式组队在街巷反复穿梭，并与被关在笼子中待宰的野生动物进行对视，表达对当地因为满足旅游消费而囚禁、屠杀野生动物行为的批判，体现出对公共环境的一种哲理性思考和寄愿。

错置的音场

长10分钟的一个独特的视频作品。社员们把中山古镇深巷子里白天和夜晚的生活分别录制下来，并将声音做了对调处理。它让人更好地记住这里的时空特点，通过影片滚动播放，将当地居民每天经过却视而不见的时空忽然以一个架上"物"的方式呈现出来，等待公众对它新的诠释。古镇居民所生活的世界，以一个崭新的角度被观看。作品改变了我们对乡村古镇空间的理解，对其时间和空间的细微感受向过去和未来蔓延。

西南田野创作社的这些实践是一种真挚的对话方式，与地域文化、公共空间、公众、视觉审美进行对话，它没有政府或其他机构的介入，不刻意进行环境美化、功能设计。它不仅是一种值得借鉴的教学模式，让学生走出校园，融入社会，体验不同的生活，更给乡村建设、公共艺术发展注入新的血液，而且田野创作带着一种不同群里对话的政治意义与公共讨论，将带来极其丰富的能量场。

案例五

四川茂县羌文化

位于四川西北部的茂县自古以来就是我国少数民族的聚居地，现在仍是我国羌文化的中心，较为完整地保留了羌族文化，其中有许多遗址及非物质文化遗产，如羌年、民歌、俄苴节。这些文化的特征就体现在他们的建筑、手工艺、生活习俗等各个方面。

茂县地势较高，多高山峡谷，乡村多结合地形和水系的地理环境而自由聚居。2008年汶川地震后，茂县的城市建设仍延续其文化传统，以山、水、城市文化为主要轴线。山轴线连接羌文化产业体验区、羌文化博物馆和羌寨聚落，突出旅游功能；水轴线沿岷江两岸分布，有多个滨

江文化公园，最具特色的是半岛羌文化公园，兼具旅游与城市居民服务功能；城市文化景观轴则分别以当代文化和传统文化为主题。其中当代文化轴线由半岛文化公园向四面的街道发散，高潮为城北公园；传统文化轴线则穿过市府广场、南明门、城墙，径达无影塔，高潮为羌民族文化广场。

代表羌文化的标志性区域与节点是茂县城市的特色。半岛羌文化公园、旧城传统商业区与风情羌城这三个区域与周围的建筑设施围合成一个羌文化保护区，其节点主要有门户节点、桥头节点、特色广场和公园节点等类型。规模或大或小，或传统或现代，因地制宜，各具特点，如体现禹羌故地、抗震救灾、具有文化特色的绿化景观等。特色广场以羌民族文化广场为代表，是举行城市性文化活动的场所；公园节点的代表是城北公园，突出时代精神。另外，特色建筑和设施有羌文化博物馆、羌文化产业体验区、羌生活体验区，建筑形式如小作坊、茶馆、戏院及传统羌寨聚落等。总之，游客们从中可以感受到浓郁的羌文化生活习俗和风情。

案例六

北京怀柔壁画特色小镇

近些年来，艺术小镇的建设兴起取得了许多成就，但也存在对公共艺术的理解简单化、盲目化等许多问题。北京市怀柔区怀北镇大水峪村艺术改造后所打造的壁画特色小镇却值得借鉴。

大水峪村临近长城，是一个民俗旅游接待村，旅游业是当地的支柱产业。村庄历史悠久，遗存许多古迹，被誉为“怀柔第一关”。凭借这些优势资源，中央美术学院壁画系和村委会结合当地的文化，进行了“最美乡村”的艺术改造。改造前期并不很顺利，由于缺乏深入的探讨和交流，导致艺术改造的目的与审美的差异凸显出来——当地村民注重提升经济效应，且难以接受抽象艺术；壁画系的创作者则只强调艺术性。

公共艺术的“公共性”在创作者与村民的磨合交流中得到了有效提升。公众的意见参与到壁画创作项目中，其题材

也均来源于生活。在融合当地文化元素方面，如长城、鱼、水、植物、历史故事、神话传说等也结合得较有特色，有的作品还与周围的景物巧妙联系，这些彩色壁画真正体现出了它的公共性、参与性。作品根据墙面特点或大或小，或传统或现代，如《伯符》《万事如意》《哪吒》《滚铁环的小男孩》和《鸡毛信》等，题材丰富，艺术表现形式多样，具有浓厚的生活气息，是较为成功的公共艺术作品。

北京怀柔壁画特色小镇在改造中遇见的问题极具普遍性，其成功的转变也就具有代表性。对乡村小镇进行艺术改造，不仅要注意艺术的创作，还应兼顾到它的美育功能。因为乡村公共艺术不仅带来经济效益，还可以美化生活环境，更主要的是可以让人们参与作品的生成，了解艺术。

2.2.10 工业遗产

工业遗产主要指在某个历史时期工业领域领先发展、具有较高水平、富有特色的工业遗存。新中国成立以后的二十余年里，重工业一直是我国的支柱产业，为国民经济和社会发展做出了重大贡献。20世纪90年代，随着社会经济的发展，国企改革、产业改革、第三产业的发展，工厂时代成为过去，留下了大量的工业遗产。和农业社会的遗产一样，工业遗产作为特殊的文化资源，它的价值和保护意义引起人们的思考。顺应城市肌理在可持续发展的基础上探索城市的更新和发展，工业遗产需要再次活化。这也是公共艺术的一个重大课题。

目前，利用工业遗产建设城市公共设施，主要有三种模式：

开发城市工业遗址旅游资源，将废弃地上原本的工业设施，改造为展现工业历史发展的展览馆或博物馆；

改造再利用废弃的工业场地和旧工业建筑、设施，实现这些旧建筑设施在功能上的转换，如开发商业区、艺术街区、博物馆等；

拆除不具有历史、文化、艺术价值或不具有再利用的经济价值的设施，在旧址上建设全新的公共设施。

前两种模式是优先考虑的方法，利用公共艺术再改造，常常会带来经济效益和社会效应。如上海电厂改造成了上海当代艺术博物馆，北京电子工业区改造成了798艺术区。艺术街区改造已经成为当下旧工业背景下城市更替、区域改造的一个有效途径。

案例一

北京798艺术区

798艺术区位于朝阳区大山子地区，作为中国当代艺术的一个新地标已经闻名世界，是当代艺术、建筑空间、文化产业与历史文脉及城市生活环境有机结合的范例。这里原是“一五”时期的重点项目——国营798厂等电子工业老厂的所在地。20世纪50年代，中国、苏联、东德共同见证了它的设计建造，建筑采用了现浇混凝土拱形结构，巨大的现浇架构和明亮的天窗，为其他建筑所少见，是实用与简洁完美结合的德国包豪斯风格的典范之作。

随着北京城市的规划发展和电子工业厂的外迁、整合重组，2002年，一些具有超前眼光的艺术家开始进驻，风格简洁的旧厂房、宽敞明亮的大空间，只要稍加以改造，就被赋予浓厚的艺术气息，正适合艺术家们进行艺术创作与举办展览交流活动。

他们在保护原有历史文化的基础

上，对工业厂房进行了重新定义、设计，体现了对于建筑和生活方式的创造性理解，展开了实用与审美之间与厂区旧有建筑的生动对话。走进艺术区，仍然可以看到许多那个年代留下的时代记忆。

由艺术家群体的带动，越来越多的行业群体纷纷入驻。如今，它已经成为一个集艺术中心、画廊、艺术家工作室、设计公司、广告公司、时装、家居、酒吧、餐饮等于一体的艺术社区，它所打造的具有国际化色彩的“SOHO式艺术聚落”和“LOFT生活方式”，备受世人关注，是近距离观察当代艺术的现场，是世界了解北京当代文化与艺术现象的一个理想之地。

案例二

北京751艺术区

北京751和798有很多的相似之处，也都见证了我国工业援建和国有企业的转型发展史，然而在工业遗产的活化、改造上，则有显著的不同。

北京751的所有者和运营者是正东电子动力集团，曾为北京的煤气供应做出了重大贡献。2003年，因产业结构调整而停止运营。面对大面积的废旧厂区，政府一开始就介入

其中，确定了以能源产业和文化创意产业为目标、以时尚和设计为主题的定位要求。

时尚和设计的定位规划决定了北京751是面向市场的，它试图通过改建打造一个推动原创设计、国际交流、设计产业交易的平台。因此，企业入驻标准严格，只有符合其定位要求的方能入驻其中。北京751比较重要的建筑和场域有由工业库房改建的时尚设计广场、动力广场、火车头广场等。其中北京时尚设计广场主要是老厂的金属储藏库，其中保留了原有墙面，内部设施先进，如A座的中央发布大厅，用做时尚发布会现场，可容纳300至500名观众。动力广场则更多用于文化表演。火车头广场上的火车是20世纪70年代初制造的，具有铭记性的历史价值，承载着历史气息，而且也意味着老工厂焕发艺术青春。751的定位和平台吸引了许多大品牌在此举行发布会等时尚活动，成为一个很好的设计师工作室与展览的聚集地。

时尚设计的发展计划使得北京751保留了大量的工厂遗迹和公共空间，老旧工厂与时尚的结合，也营造了极强的视觉冲击力。它依然是一个见证着中国工业文化发展历程的地方。

751厂房改建将自己定位为时尚和设计的基地，是一个在老厂房改造中抓住定位、有创新意义的突破，并结合了751本身的建筑存留，将工业和设计联系到了一起，融入艺术的元素，使其重新焕发了活力。

案例三

上海当代艺术博物馆

上海当代艺术博物馆的前身是1985年成立的南市火力发电厂，先改造为2010年上海世博会城市未来馆，再改造为现在的上海当代艺术博物馆，成为推动文化与艺术发展的强大引擎。它为期6年的改造见证了由发电之地的能源输出转向文化艺术产业的能量输出的重大变迁。现如今，它作为上海第一座公立当代艺术博物馆，与上海博物馆、中华艺术宫三足鼎立，共同承担着当代艺术、古代艺术、近现代艺术的收藏与展出，撑起上海艺术的整体脉络。

上海当代艺术博物馆在对工业遗址空间的改造过程中，贯穿了延续历史记忆、节约社会资源、完善使用功能和发展自身特色等理念。原发电厂的部分建筑形态简洁单纯，体积庞大，具有强烈的视觉感染力和公众认知度，于是在原有秩序和工业遗迹的基础上，采取有限的干预，尽可能利用原有的资源和设备，避免不必要的浪费。通过这种适当的建筑手段加以延续，体现了批判性的传承与发展，强调了一种通融的状态。同时，因展示当代艺术成就和发展的世界级艺术殿堂的定位及公共性、开放性、互动性的空间要求，上海当代艺术博物馆又对原有建筑和空间进行设计改造，以完善使用功能和发展自身特色。因此，对内部空间进行梳理和再创作，营造互动性的艺术体验空间；对外部形态重点部位进行完善和艺术性改造，使得空间、流线及设备系统均能满足全新的功能要求和标准规范。

伫立在黄浦江畔的上海当代艺术博物馆，于2012年10月1日正式开馆。它的目标是搭建起当代艺术与民众之间的沟通桥梁，汇聚国内外当代艺术的优秀成果，利用多种渠道展示、收集和保存当代艺术的优秀作品，以开放性与日常性的积极姿态融于城市公共文化生活，是一个公平分享艺术感受的精神家园，更是一个充满人文关怀的城市公共生活平台。

由南市火力发电厂转变为当代艺术博物馆具有重要的社会意义，它的转变折射出上海经济文化乃至当代中国社会变迁的趋势，是上海从一个物质生产的工业重地转变为中国经济快速发展的领跑者、文化之都的建设者的过程。有人曾预言，它的落成，将改变上海乃至整个中国的艺术格局。

身体·
媒体II
2017.04.29
2017.07.30
上海
当代艺术
博物馆
Power
Station
of Art
POWER STATION OF ART

身体·
媒体II
Body
Media II
伊东丰雄 曲水流思
上海
当代艺术
博物馆
Power
Station
of Art

案例四
上海虹口音乐谷

上海音乐谷地处虹口区中心的嘉兴路地区，以海伦路、溧阳路、四平路、周家嘴路围合的区域为主，其中核心区域处在虹口区的腹地，俞泾港、虹口港、沙泾港在这里交汇。现在，它成为上海唯一一片以音乐为主题并已形成相关产业链的独特区域。音乐谷以老洋行为中心，划分为国家音乐产业基地、音乐体验休闲娱乐、石门库历史文化遗产保护、历史风貌居住社区、音乐特色商务及设计精品酒店五大功能区，国际美术节、音乐戏剧节等活动不断被融入，相关音乐机构也进驻其中。

音乐谷所处的地区历史积淀深厚，形态丰富，保留了许多河道和具有百年历史的桥梁，是上海市独特的滨水社区，也是上海唯一较为完整保存了水系格局的历史文化风貌地区。这里曾经厂房林立，有牛羊交易市场、工部局宰生场、制冰厂、制药厂，存有许多旧式里弄、公共遗产和工业建筑。然而，附近工厂的发展导致环境和水域的污染。因此，2011年，《上海市文化创意产业发展十二五规划》和《虹口区北外滩金融和航运服务业综合改革试点方

案》的市重点文化创意产业项目中将上海音乐谷考虑其中，就设置在虹口这片区域。

该项目进行了主题式街区的整体开发和改造，在对河道整治、工厂搬迁、建筑翻新、灯光改造的同时，也对部分民国遗迹和旧址进行保留并进行风格的延续，形成创意园区、居民社区与商业街区的融合，丰富了园区功能的多样性。一些遗迹和旧址虽然功能不再，但具有极强的市井生活气息，也有助于音乐谷空间基调和主题的奠定；有些旧的工业建筑经过翻修后也对外进行办公和进行创意商业招商。整个过程体现了公共艺术走进社区的观念，是一场城市审美运动。

不可否认，上海虹口音乐谷对工业遗产的整治处理颇有成效，带来新的商业生机，但是也暴露了一些城市公共空间建设中的问题，如规划与现实之间的不平衡、公众参与性的不足。如何将民众的意见直接运用到项目发展中去，拉动与民众的互动性，是我们应该考虑的问题。另外，大部分的工业遗址都是向文化产业方面转变，改造成艺术区、音乐区、博物馆等，但实际上，也可以打破原有的程式化方向，拓宽思路，如改建成学校、商场、旅馆等各种其他的公共建筑空间。总之，艺术能促进城市提升，但要走的路还很长。

2.2.11 公共设施艺术化及街道家具

城市是一个巨大的群体聚集的家，是区域内人们共同的精神家园，而这个家园内的街道、广场、公共空间等的功能设施如护栏、路灯、街道上的公用设施等，就是这个家的家具，我们称之为城市家具。这里的城市家具往往出现在街道上，因此也可以称作街道家具。相对城市空间，这些物品很细小，但巧妙的、人性化的设计便是体现在这种细微之处。从功能性到审美性的突破，实用和象征的并行，使街道家具成为了公共艺术的一部分。

这些街道家具的实用性往往比地标式的公共艺术、大型的建筑更加渗入到城市生活的方方面面，让“生活美学”无声地浸润入市民的日常生活之中，从而提升城市公共文化氛围，激发城市创意活力。

从功能类别上划分，街道家具可以分为以下几种。

信息设施：指路标志、导游图、电话亭、报刊亭、邮箱、广告牌等；

卫生设施：垃圾箱、饮水器、厕所等；

照明安全设施：路灯等；

娱乐服务设施：坐具、桌子、游乐器械、售货亭；

交通设施：公交车站点、车棚、马路护栏等。

AVIREX

THREE

第三部分 城市公共空间规划与公共艺术策划

城市公共空间直接对应的是人们的公共生活，它是开展公共交往活动的物质空间载体，是公共生活的发生地。而公共生活表达了空间与人的关联，是公共空间的价值本体。同时，公共空间和公共生活也存在一种相互作用的关系：活动指导着空间的营造，而营造出的空间会促成活动的开展。因此，公共生活的概念、特征、内容和结构是进行城市公共空间研究的基本出发点。

Urban public space is just opposite people's public life. It is the material carrier to carry out public communication activities and the location where public life takes place. Public life conveys the connection of space with human beings, as the value noumenon of public space. While at the same time, public space and public life boast the relationship of mutual reaction. Public activity guides the creation of space, while the created space drives the development of activity. Thereby, the concept, features, contents and structure of public life are the basic starting points to proceed with urban public space research.

3.1 城市公共空间的价值

Art 艺术
Public Art 公共艺术
Value 价值

社会价值，政治价值，经济价值，生活价值，艺术价值。

“城市公共空间”是一个由多元意义构成的概念，从物理学角度来看，是指特定的几何空间内的范围和场所，泛指广场、街道、娱乐场所等具有“公共产权”的城市空间；从社会学角度来看，强调的是能够组织社会群体自由交往，参与社会实践活动的空间。

公共空间作为一个最早出现于社会政治学中的词语，不仅止于一个实体概念、物质概念，而且包含了追求理想的价值性概括。作为一种价值性范畴，公共空间传达着人们特定的价值期望。

城市公共空间直接对应的是人们的公共生活，它是开展公共交往活动的物质空间载体，是公共生活的发生地。而公共生活表达了空间与人的关联，是公共空间的价值本体。同时，公共空间和公众生活也存在一种相互作用的关系：活动指导着空间的营造，而营造出的空间会促成活动的开展。因此，公共生活的概念、特征、内容和结构是进行城市公共空间研究的基本出发点。

无论是传统意义上的城市公共开放空间——广场、街道、公园、绿地、滨水空间等，还是现今包括了购物中心、博物馆、交通枢纽等构成的更为丰富、含义更为宽泛的城市公共空间，公共空间就是在城市的发展过程中，随着社会生活的演进所呈现出的不同的价值取向和物质形态，从而与当代人的公共生活相应。

1.公共空间的社会价值

公共空间的核心社会价值来源于“公共性”。公共性是人们组织社会生活的精神内核，是人们在社会群体生活中的特征与自我需求。从这种意义上讲，公共性可以延伸出城市公共空间的社会、政治、经济、生活等价值。公共空间作为物化的空间载体，承载着人们的社会活动，促成着良好社会秩序的形成。

首先，公共空间是维系社会关系与形成归属感的重要纽带。公众通过公共空间的存在维系自我与整个社会的关联，因对公共空间的属性产生认同，从而产生个体的归属感，形成强烈的地域和家园意识。城市公共空间通过空间所具备的独特地位与形式，通过公共活动的开展与激发，给市民提供舒适感、安全感，增强社会凝聚力。

其次，公共空间是促进社会不同阶层交流和融合的平台。现代都市社会的显著特征，美国芝加哥大学社会学教授沃斯将之称为“城市性”，包括人口规模、人口密度和人口异质性。城市人口规模越大，个体化和多样化的可能越多，由异质性导致社会分化加剧，使得人们的活动在地理环境和功能偏好上发生分化，形成不同特征的聚合场地，并且互相隔绝，由此导致公共疏离感的产生。而人口密度则会增加公众彼此之间的压力，使得人和人之间的态度变得冷漠和厌倦。面对这样的社会环境，城市公共空间的形成为有差异的社会个体和趋于疏离的社会结构提供相互了解、交流和融合的机会。由此，城市公共空间的价值在于容纳社会人群以促进多元化活动，给市民充分的交往自由，减少因居住、隔离而引发的负面影响。

第三，城市公共空间在城市空间体系中占据核心位置。因其具有明显的标志性和场所性，成为人们认知和体验城市的主要场所，在区位、形态、规模和构成等方面都呈现与城市其他空间截然不同的风貌与特色。

最后，“场所精神”是城市公共空间区别于其他空间类型的重要特征。作为维系社会关系和形成个体归属感的纽带，城市公共空间通过市民参与公共生活、重大社会活动，而成为集体记忆的核心场所。经过时间的积淀，公共空间成为城市精神和文化的象征，传承城市的传统与历史，使其在社会层面的意义尤为重要。

2.公共空间的政治价值

研究公共领域的哲学家汉娜·阿伦特曾言：“城邦，以及整个政治领域，是人为设造出来的、作为人表现其言行的空间，空间是人把其言行表露于公共的地方，而由这公共来证实表现之言行与判断它们的价值。”而人是政治的动物，人一旦在社群里生活，就必然有了政治生活。

虽然公共领域的概念并不完全等同于城市公共空间，可无论是作为阿伦特思想源泉的古希腊城市公共空间——广场、议事厅、市场等，还是作为18世纪资产阶级公共领域发生源头的图书馆、咖啡馆、剧院、博物馆、俱乐部、音乐会等，都充分显示着西方“公共领域”的概念与城市公共空间的内在关联。

相较于过去，尽管当代社会中作为政治交往的公共领域平台已从人们面对面的议论拓展到媒体、网络等非实体空间，城市广场、咖啡馆的政治含义越来越淡化，城市公共空间的政治价值也正在走向衰落，但西方学术界对作为实体的城市公共空间在现代政治生活中的重要性，都一直给予了持续与广泛的重视。公共空间只有在政治国家和市民社会的相对关系中才能获得自身的存在性。公共空间既不能被简单地归并到政治国家或市民社会之中，也不能把它独立于政治国家和市民社会之外，公共空间是介于二者之间的一个中介性关系存在。

3.公共空间的经济价值

经济学根据物品在消费上是否具有排他性和竞争性，将为人类需要而生产的物品分为两类:私人物品和公共物品。在这种比对下，同时具有非排他性和非竞争性的物品称作公共物品。传统城市公共空间，如街道、广场、公园等属于拥挤性公共物品。人们通常将城市公共空间单列于一般的城市空间之外，也表现出对其性质上作为一种公共物品的认同。作为一种公共物品，城市公共空间从经济角度来讲，具有非排他性、拥挤性、多样性和外部性的特征。非排他性指的是任何在公共空间中活动的人不影响他人在公共空间的活动。.拥挤性指的是一定人数对公共空间的消费将达到一个饱和点使他人无法使用。多样性即是公共空间的涉及范围很广。外部性即指离公共空间的领域越近享受公共空间的效益越高。

4.公共空间的生活价值

城市公共空间的生活价值在社会生活中体现出来，以多层次、多类型、多功能的空间场所满足了市民公共生活的需要。

1）公共空间的物质价值

物质价值源于人与自然的关系。城市公共空间的物质价值主要表现为满足人们的基本物质需求，诸如商业购物、文化娱乐、运动休闲、观光游览等公共生活对城市公共空间提出的相应的空间和场地要求。满足人们的实用需求是城市公共空间规划设计的主要目的，也是衡量公共空间环境品质的主要指标。在市民使用公共空间的过程中，满足物质方面的需要是公共空间最基本的核心功能。

2）公共空间的精神价值

精神价值源于人与自我的关系。公共生活和空间一开始就包含着人对未来社会的美好期许，城市公共空间在政治、经济、社会的共同作用下，呈现出丰富的价值内涵和空间形象，表达着社会整体的价值诉求。城市中的公共空间是否有吸引力，能否形成具有独具魅力的“场”，吸引人的参与和活动，是城市公共空间的价值体现。

3）公共空间的伦理价值

公共空间的伦理价值源于人与社会的关系及人与人之间的关系，这里就涉及了伦理学的层面。一方面，人与外部空间及空间中的社会生活进行着交流；另一方面，不同个体之间又互相呼唤、回馈、反应、承诺、沟通，从而实现各自的自我意识。这也就意味着人与社会生活的交流以及自我与其他人的交流具有共有性、共时性。因此，城市公共空间的建构是空间与人通过社会生活等方式进行的“互构过程”。依托公共空间发生公共生活与公共交流是公共空间的本质。

5.公共空间的艺术价值

现代社会，公共艺术被视为环境的有机组成部分，能否与周围环境共同构成一个和谐的景观，以及能不能在艺术家的个人主义与大众审美之间进行调和，是公共空间艺术评价的重要尺度。第一点将取决于前期的项目设计有没有充分考虑地域自然与文化背景以及城市的特征；第二点是体现公共艺术本质的“公共性”，这种艺术特性是公共空间中艺术、设计、规划的共性也是特殊性，将普世的特征在大众可讨论的领域中展示出来。

3.2 城市公共空间与公共艺术的社会学意义

Sociology 社会学
Urban Public Space 城市公共空间
Regional Features 地域特色

公共艺术与一个地区的**城市化进程**有着密切的联系，也与这一地区的地方文化有关，它已日益成为一个城市的**符号**和**精神标志**。

公共空间是城市关怀人、影响人的重要主体，是市民认知城市、理解城市文化的必经环节，它可以满足人物质性和社会性两方面的需求。同时，市民的需求又推动了城市公共空间的发展和变化，市民的行动又作用于城市的运行和发展。

从社会学的角度看来，公共空间是以人们生理和心理上的可进入性为根据进行判定的，即不需要凭借某种特别的身份，个人能进入的任何空间都可被认定为公共空间。因此，除了街道、公园这类传统的公共空间以外，各种各样的公众流动空间，如火车站、地铁站、机场、高速公路、停车场、商业中心等都可以用社会学标准界定为公共空间。

城市公共空间的社会学意义表现在以下几个方面：

（1）城市公共空间不能脱离公共生活存在，它需要城市公众通过持续不断的社会化、日常化行为进行维持与确认。城市公共空间首先要满足公众的视觉、行为和心理层面的可进入性。城市公共空间行为方面的可进入性主要涉及城市公共空间或集体场所是否对公众开放，以及对公众行为是否有所限制；同时，城市公共空间的可进入性还包括心理层面，主要关乎人们对场所环境品质的满意程度。城市公共空间也要求人们可以通过参与使用、参与建造等互动行为，赋予环境意义。城市公共空间的设计者无法限定、控制使用者的行为，但是却可以通过营造城市公共空间的物理性质与内涵品质来进行引导，多为公众提供积极参与城市生活实践的机会。

（2）城市公共空间是塑造地域特色的重要载体，也是延续、发展城市文化的根本。这些年，在国际化、全球一体化的冲击下，外来文化充斥着中国的大街小巷，与此同时，社会经济的发达与都市化的扩张，使几千年的传统民间文化趋于萎缩与没落。所以，城市公共空间的建设，亟需对城市本土文化进行重新思考，只有通过与地域文脉共存，才能生成和延续充分反映时代特征的城市公共空间。

（3）物理性质只构成了城市公共空间的基本属性，其完整的形象特征还需要加入人在其中的活动，要以更为综合的视角看待城市公共空间的营造，即不仅关注“物质的”“有形的”方面，同时也关注人的行为、心理感受、社会文化等精神要素。城市公共空间不仅要考虑建筑、景观单体的设计，还要从区域、街道等物质要素的整体空间组合与形态关系的讨论中，对三维空间环境特征进行深入而具体的探究。在所有的艺术门类中，公共艺术与社会、大众的关系最为密切，也最具社会性。可以说，社会是公共艺术赖以生存的土壤，社会性是公共艺术的生命。

公共艺术是一个不断发展中的多阶段、多层次、多内涵的概念，它既包括由艺术家创作的、为美化环境而存在的公共空间的艺术作品，也包括由艺术家和公众、策划人、设计师、建筑师、社会学家、赞助商等共同创作和完成的艺术作品或参与的艺术活动。它不仅仅是艺术形式，而是在现代社会发展过程中，体现了民主、参与、共享的价值观，充分利用建筑、雕塑、壁画、摄影、景观行为等艺术形式而实现的一种综合性的当代艺术，是当代社会民主政治和公民文化的一种呈现方式。

从社会学意义上看，公共艺术与一个地区的城市化进程有着密切的联系，也与这一地区的地方文化有关，它已日益成为一个城市的符号和精神标志。对社会问题的关注，对人类与自然、环境等深切影响人类命运的重大问题的主动关怀，是公共艺术不可忽视的命题。

3.3 城市公共空间规划的美学思考

Art 美学

城市公共空间的规划不再仅仅局限于布局与建设期限的讨论，它还必须要满足一定公共性的美学价值。

城市决策者、规划者和使用者如今越来越重视城市的发展和营造，但是有的城市公共空间设计由于缺乏美学思考，不仅没能达到艺术效果，反而给大众造成了不便，或者成为笑柄。这也使得城市公共空间的规划不再仅仅局限于布局与建设期限的讨论，它还必须要满足一定公共性的美学价值。

1. 城市公共空间规划要服务于通俗易懂的美学语言

城市公共空间中承载的对象是来来往往的大众群体，他们可能来自于不同的国家、各种不同的社会阶层，有着不同的受教育程度、不同的宗教信仰和不同的社会习俗。所以城市公共空间的呈现方式，在满足开放性和公共性的同时，要有一定的通俗化的设计语言的出现。通俗化的设计语言，是指公众的平均审美心理水平作为城市公共空间设计水准。

2. 城市公共空间规划要符合代表时代的美感

传统的城市公共空间带有很强的政治色彩，多数公共空间都是顺应统治阶级的意念、宗教信仰的产物，很少用来反应平民文化。但城市是不断发展的，城市公共空间存附于城市内部，发展才是其应具有的时代特色。在这个城市化推进的时代，城市规划工程师一直在努力尝试各种不同的表现方式来完善、美化我们的城市空间，以便达到传统实体与现代新形式的完美组合、功能与审美的统一。

3. 城市公共空间规划要注意体现地域美学特色

文化是一个民族的灵魂，亦是城市之魂，传统文化在城市规划设计中的地位是无法取代的。针对现代城市建设中本土文化遗失的种种弊端，城市公共空间的规划者们必须重视地方文化，在规划中结合当地历史文脉及民俗特色，通过吸收提取打造新的、能展示地方特色的公共空间方案。

4. 城市公共空间规划要尊重自然，营造生态之美

大自然的山川、河流、湖泊、沼泽、绿地植被等自然资源，是城市存在和发展的前提，城市公共空间体系更离不开这些自然因素的存在，它们是公共空间中天然的组成因素。

每一个城市都孕育着有着统一特质的城市居民，它承载着自己独有的地域风情与本土特色。在进行城市公共空间规划时，必须充分考虑城市居民大众性、普遍性的特质，在地域特色文化等基础上，立足原有的地质地貌、自然景观，进行城市公共空间的规划设计。

3.4 公共艺术规划与策划重点

Plan 策划 Element 元素

3.4.1 城市公共艺术元素研究

历史文脉和文化精神、城市空间结构特征、艺术性与公共性的整合、城市生态发展与宜居理念、社会多元与幽默的生活方式。

美国第一个立法实施公共艺术的城市费城，是“致力于将公共艺术与城市规划完美结合”的典范与代表。它倡导充分应用城市特征，强调公共艺术与其所在城市文化历史及具体环境等因素进行对话，提倡艺术家在其创作及构思过程中尊重当地社会历史人文，从而充分发挥公共艺术规划体现城市特色的效用及价值。近几十年随着中国城市建设的不断发展与艺术理论及实践的逐步繁荣，公共艺术正不断扩大范围和规模；在公共艺术发展的同时，一些失去个性的城市对公共艺术产生了需要，公共艺术也随之纳入城市规划之中，成为城市公共空间服务体系的组成部分。

在现实的公共艺术策划规划项目中，需要哪些公共艺术元素呢？如何才能体现城市的性格呢？总结起来有以下几个方面。

1）历史文脉和文化精神

城市历史文脉和文化精神是公共艺术策划规划的立足之本。从发展的角度讲，城市是变化的，公众对城市的需求也是不断变化的。在现代城市的发展历程上，以经济为核心的城市发展观使许多城市遗失了独有的人文和精神内涵，而新兴的城市由于缺少文化的积淀，也逐渐成为钢筋水泥的附庸。城市的片面发展必然引发对文化的诉求。21世纪，经济已不再是衡量一个城市发达与否的唯一标准，文化逐渐成为城市的核心要素，成为表现城市魅力的一个重要指标。

中国众多城市有着悠久的历史和丰富文化，在漫长的时间积淀中，又逐渐形成属于自己的独特文化。文化之于公共艺术，是基石，是根源，是精髓。只有突出城市的文化特色，展示城市精神的公共艺术规划，才能更好地表现公共诉求，才能够给城市的公共空间以精神的提升和文化的超越。

2）城市空间结构特征

1960年，凯文·林奇出版《城市意象》一书，认为城市美不仅要求构图与形式方面的和谐，更重要的是来自于人的生理、心理的切实感受。因此他将城市拆解为可感受的各种空间特征，建立了“城市认知地图”概念，强调要通过“路径-边界-区域-节点-标志”来组织对城市的意象体系。这一研究让城市空间回归它的本体——大众使用者，它打破了以往建立在设计师自身认识上的审美局限，指出对空间的认知是空间中的人普遍具有的能力体验。

公共艺术所用的空间是城市公共空间，这些空间在城市建设和发展中形成，城市的空间结构不仅体现了城市的地理风貌特征，还形成了城市的发展脉络。在中国城市化进程快速发展的今天，结合城市空间走向，对城市空间结构特征进行解读，并从公共艺术布局规划的视角去解构、重塑城市公共空间序列，提炼、组织新的公共艺术空间结构，是做好公共艺术策划规划的基础要务。

3）艺术性与公共性的整合

公共艺术本身有社会学与文化学的特质，而非纯艺术的概念。公共性与艺术性的结合是公共艺术的根本特性。一方面公共艺术的艺术性改善了环境，提高了公众自身素质；另一方面，公共艺术的社会性体现了对公众权利的尊重，实现了公众话语权。通过公共艺术，公众的审美观念转化为美的空间环境和生活方式，曲高和寡的艺术转化为公共活动，“精神”的需求转化为真实的存在，实现了更广泛的社会及审美价值。

公共艺术不是单一化的个人行为，而是大众的合作化交流、协同作用的结果。公共艺术的出现及其对公共性的强调是艺术存在于社会公共空间的产物。因此，公共艺术策划规划的价值，体现在将公共艺术融入社会空间，有目的、有程序地建设在公共环境中，使人的行为和活动，在社会和艺术方面得到更科学、更优化的实现。

4）城市生态发展与宜居理念

生态城市的发展、环境的发展，不仅需要政策的指导，更需要环境规划部门、建筑师、公共艺术家及生态保护部门等多学科、跨专业的协调和工作。公共艺术作为有着独特亲和力的艺术表现形式和精神载体，逐渐成为生态空间与公众内心之间沟通的重要语言。

著名景观学者艾米莉·布雷迪曾指出:“人类在对环境的规划和改造时，有时审美价值的获得是以生态和自然环境受损为代价的，这样美学的目的就和我们的道德责任相冲突了。”因此，公共艺术顺应了时代发展，它可以运用丰富的艺术表达方式，消除现代社会发展给环境带来的干扰，解决环境生态问题，创造人类与社会环境的生态和谐。

公共艺术作为环境创作的重要形式，直接表达了人们对环境的观念。一个好的环境不仅仅表现为大厦多高、绿地有多少，更重要的是在于：环境要是生态的、有生命的、有灵魂的，这要求环境能够反映社会文化及人们的心理感受和精神追求。所以，不能把公共艺术对生态环境的作用，简单地理解为增添一定数量的艺术作品。从根本上来说，这是需要公共艺术策划规划团体，努力理解并挖掘环境的“精神气质”，重塑环境生态价值，努力营造人与环境生态的和谐，摸索人、自然、艺术的发展规律和共生法则。

5）社会多元与幽默的生活方式

社会多元与幽默的生活方式是公共艺术策划规划的社会学影响。

在信息时代，东西方文化交流日趋频繁。当代中国社会已呈现出多元文化共存的状态，社会正经历着文化变异和转型，审美也正经历着巨大的变化。随着公众文化意识的觉醒，强调公众参与和兴趣，提倡具有平民趣味的公共艺术，呈现出积极发展的态势。体现在公共艺术上则是多元化、娱乐化的相互糅杂，这样的公共艺术成为构筑城市文化的一分子。

因此，在进行公共艺术策划规划时，我们必须重视和顺应当代社会所倡导的多元的、开放的、顺时代的发展观。当艺术通过策划规划深度介入公共社会空间后，便可以成为公众生活的一个有机的组成部分，以此影响社会的运行，培育出更为丰富、优秀多彩的城市品格与精神。

3.4.2 城市公共艺术策划

色彩规划，广告规划，照明系统规划，雕塑规划。

1.城市色彩规划

改革开放以来，我国的城市化进程迅速加快，取得巨大的成就。然而也暴露出一些问题，如缺乏先进的城市规划理念支撑，缺少审美文化修养，对城市色彩规划不够重视，缺乏自身特色，导致城市面貌趋于雷同。而这样的城市现状，在当下重新建设并不具有现实性。因此，有系统、有规划地积极开展城市色彩设计的重要性逐渐被大家所关注，而这种认识的得来正是以城市发展的教训为代价。

城市色彩不是分散的、独立的，而是指一个城市总体的建筑颜色。城市色彩规划也不仅仅是对一个城市确定一个色调，更要充分考虑城市的自然人文环境、色彩的精神与实用性等方面，将人工色彩与自然色彩有机结合起来，营造与周围环境和谐相处的城市氛围，体现出城市的精神面貌与时代精神。城市色彩规划要求通过色彩去识别城市和城市区域功能。一般来说，一个完整的城市色彩规划既要有对整个城市的色彩构成总体的把控，确定各类建筑物和其他物体的基准色；也关注细节色彩，使城市中每个细节色彩都趋于合理。

1）色彩规划示例：《广州城市色彩规划研究》

《广州城市色彩规划研究》提出了以黄灰色为主的广州城市主色调、辅助色以及点缀色谱，从宏观、中观、微观三个层面建立了广州城市色彩控制体系。首先，在宏观层面

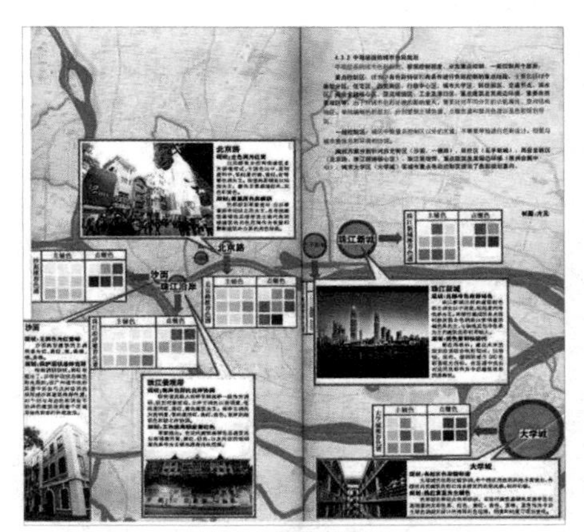

广州城市色彩规划研究

上，分析制定适合广州的城市色彩规划思路；其次，在中观层面上，根据广州的城市功能组织空间结构，采取纵横向结合的控制方式；再次，在微观层面上，对道路、桥梁、构筑物、街道家具、户外广告、商店招牌等提出色彩设计指引。

2）城市色彩规划的通用建设路径

（1）现场调研。现场调研包括环境调查、色彩调查、信息收集、调查数据统计、调查数据分析五个内容。它的具体要求是：对城市中重点区域、街区、历史文化名迹、代表性建筑等做现行调查；对城市各区域、街道的建筑物、广告招牌及公共设施等进行色彩现状调查与记录；对城市一年四季的景观变化做全面的资料采集与总结。不仅如此，还要针对城市自然、地理、历史等方面特点进行信息搜集，需要召开专家研讨会，并向市民进行问卷调查，综合各方意见作为城市色彩设计参考依据。将这些现场调研的各项数据汇总后进行统计分析，从而得出对城市色彩印象的全面认识。

（2）形成规划体系。规划体系形成包含确定设计方向、规划体系建立、规划体系评价三个方面。即根据调查分析所得统计结论，参考多方意见，确定设计总体方向。以国际通用蒙塞尔色彩标准体系为基础，制定城市色彩规划体系。

（3）色彩设计。色彩设计主要包括建筑、广告色彩配色类型设计、公共设施色彩类型设计、主题色选定、详细设计类重点设计五个板块。具体内容及要求有：按各类功能类型与区域划分，对建筑物进行色彩配色类型设计；对城市中各类型、各场所广告招牌的色彩进行配色类型设计并提出合理安置的指导意见；对公共设施提出指定专用色彩应用范围以及进行配色类型设计；对城市主题色彩运用设计规范指导；对城市重点区域进行全面科学的色彩应用设计。

（4）规划控制与管理。城市色彩规划的控制与管理涉及协助制定相关管理规定、协助组建管理部门、管理人员专业培训、担任技术顾问等。总之，为城市规划管理部门提供协助，承担必备管理工具、专业培训、咨询服务及解决方案等相关支持工作内容。

（5）编制规划成果。编制规划成果包括规划文本、指导手册、报告书及其他应用文

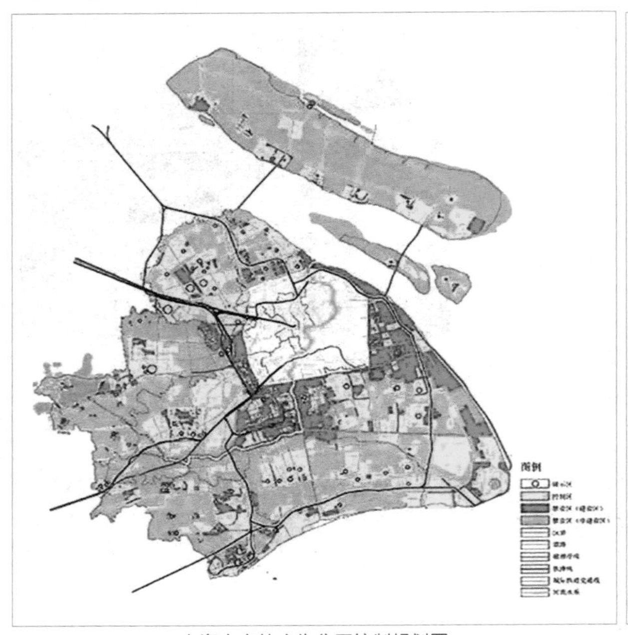

上海市户外广告分区控制规划图

中心城户外广告控制分区图

本。详细说明工作结论、设计思路与最终成果的规划文本，各专项部分的色彩应用设计指导手册以及其他需要的报告书、手册等内容的编制也是很有必要并需认真对待的。

2.城市公共广告规划

城市公共广告作为城市的公共资源和重要的视觉景观要素，具有十分重要的影响。因此，城市公共广告规划需从城市整体着眼，对各类户外广告要素的总体布局进行全方位的综合考量。它的总体设计要使公共广告的功能与艺术处理、城市建设等多元因素之间彼此协调，从而形成一个有机的整体。因此，城市公共广告规划既要充分考虑人们的物质生活需要，也要分析人们的精神生活需求。它不仅仅是简单地建造一个实质空间环境，其设计本身就体现着艺术创作的过程。

作为城市总体规划下的一个单项规划，城市公共广告规划在总规划统筹的原则下，还包括一些更为具体的内容，如对整个城区的户外广告进行整体布局，制定公共广告设置的准则，对重点地段的公共广告提出设置要求，这些内容密切结合，共同为城市公共广告的规划与管理奠定基础。

1）城市公共广告规划示例：《上海市户外广告设置规划与管理办法》

《上海市户外广告设置规划与管理办法》从户外广告设施的政府主管部门到管理内

容、程序、要求以及处罚都做了详细的规定，其中明确规定了市范围内一切利用公共、自有或者他人所有的建筑物、构筑物、场地空间等设置的路牌、灯箱、霓虹灯、电子显示牌、实物造型以及彩旗条幅、气球等户外商业广告设施都应遵守该规划。并要求这些设施符合城市规划、与城市区域规划功能相适应，与周围环境相协调，符合美化市容的要求。同时，对这些设施的设置期限也做了限定。该项管理办法还对五种不得设置任何户外广告设施的情况范围作了规定，并对户外公共设施申请人的权利与义务做了明细设置。对于不遵守和违反该规划的则制定了整治办法。这些都很好地促进了城市公共广告的合理布局、规划设置。

2）城市公共广告规划建设途径

（1）现状调查及评价。具体包括城市历史和区域特色分析，道路区位、道路性质及断面调查，交通状况调查，现状用地分析等内容。

（2）广告设置现状与评价。主要有附属于建筑户外广告现状及分析、公共开放空间户外广告现状及分析、整体评价三个方面。

（3）户外广告功能定位及控制总则。可以细分为上位规划解读、功能定位分析、广告设置定位、空间景观分析与广告设置分段控制、户外广告设置通则等。

（4）户外广告与店招设置规划。包括附属于建筑户外广告设置总量控制、附属于建筑立面户外广告设置详细规划、公共开放空间户外广告设置、户外电子显示屏广告设置等。

（5）规划实施措施及成果编制。遵循规划，落实户外广告设施设置以及总结文本，编制规划成果。

3.城市夜景照明系统规划

城市夜景照明系统是指包括公共广场、道路、建筑、园林绿化、桥梁、水景、名胜古迹、景观雕塑、机场、车站、商业街、城市市政设施等对象的照明系统设施，利用夜景照明对其重塑，营造丰富多元的城市夜间形象。因此，城市夜景照明系统规划应从城市地区的总体规划以及自然地理环境、历史人文资源、城市经济发展水平出发，结合城市相应功能分区，遵循夜景照明规律，以艺术表现手段对城市夜景照明进行总体把握与设计。在注重生态和谐的城市发展观的原则下，城市夜景照明系统规划应当追求和谐统一、绿色照明、节能环保的发展要求。

1）城市夜景照明系统规划示例：《武汉市主城区夜景照明规划（2013—2020）》

从这项分析详尽的规划可以看出，武汉市主城区是以“一核、两江、三轴、四心、

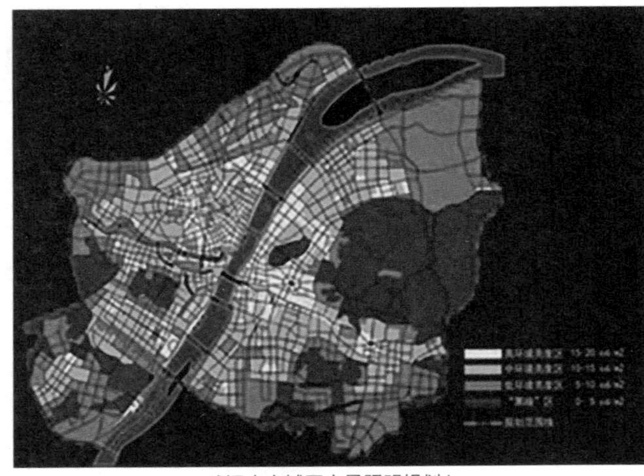

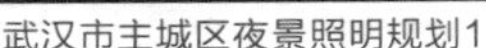
武汉市主城区夜景照明规划1

武汉市主城区夜景照明规划2

十一带”以及若干景观节点所形成的点、线、面相结合而构成夜景照明主体架构。它主要有以下几个特色：以两江景观核心建设树立城市标志形象，以城市副中心建设带动周边区域；通过景观轴建设，营造富有视觉美的夜景视廊；以道路为架构，以重要照明载体为表现，形成特色重点片区；结合城市窗口和历史文化、山水地域特色，打造特色城市夜景开放空间，丰富夜间旅游；控制城市光环境，巧借漫天繁星成为城市夜景第五立面；利用城市建设管理信息系统，实现城市照明智能化管理。总之，武汉市主城区夜景照明规划做到了有重点、有特色、有协调，实现了定位准确、反映特征的基本原则。

2）城市夜景照明系统规划建设路径

（1）基础资料调查与现状分析。主要包括城市自然与人文历史特点调查分析，照明对象的特征与重要性分析，城市照明布局现状调查，照明对象的亮度与光色状况调查，照明设施的类型调查，相关城市规划与建设规划调查等。

（2）定位范围与发展目标。具体可从范围、年限、依据、原则、目标等方面入手。

（3）照明对象的确定与评价。主要包括照明对象的筛选与分类、照明对象的分级排序。

（4）夜景照明的分区、结构与布局。依据城市照明发展目标、城市景观特征和城市夜间活动规律，确定总体规划布局，并合理组织点、线、面等夜景观结构要素，形成夜景观的观赏序列，从而构成主次分明的城市照明体系。

（5）环保与节能措施。主要提出控制光污染、光侵扰方案措施，评估风景旅游区、生态保护区设置照明影响，控制景观照明对象的规模与数量，制定城市不同区域各类功能照明与景观照明的能耗标准，制定分区、分时、分级的照明节能控制方案，倡导高效能光源与灯具的应用等。

（6）城市功能照明、城市景观照明。主要包括道路照明、指引标识照明、景观照明等内容。

（7）规划布局。具体包括城市景观照明区域划分、线路分类、标志与节点选择、广告照明的亮度等级、照明方式、色彩和动态效果控制等方向和原则要求。

（8）景观照明体系。需评估景观价值，综合考虑人群活动规律、环境氛围，提出城市景观照明意向。

（9）建设与管理。涉及近期建设目标与重点项目安排，分期建设规划发展目标，重点项目投资、用电估算和环保节能措施等。

（10）编制规划成果。如规划文本、指导手册、应用文本、图纸等。

4.城市雕塑规划

城市雕塑作为一门公共环境艺术，是现代城市的公共艺术、“景观雕塑”、“环境雕塑”等概念中最重要的组成部分，最初的公共艺术即通常被理解为城市雕塑。这种现象现在逐渐被纠正。如今，城市雕塑规划需从文化定位、空间布局、雕塑设计等多角度，对城市环境、文化进行重新梳理，体现在遵循城市建设和发展规律下，打造城市雕塑精品，反映城市特色和城市文化魅力的总体把握和综合要求。目前，我国城市雕塑规划主要涉及规划目标、规划布局、城市雕塑题材分类、城市雕塑作品策划、创作、选拔、建设、管理、融资等机制。

城市雕塑规划符合城市环境发展的需要，应当纳入城市总体规划之中。因此，城市雕塑规划应当在城市各功能区划分基础之上，对各个区域的位置与特征进行综合分析，结合地域文化特色，将绿化、公共景观艺术等反映到城市雕塑规划中。

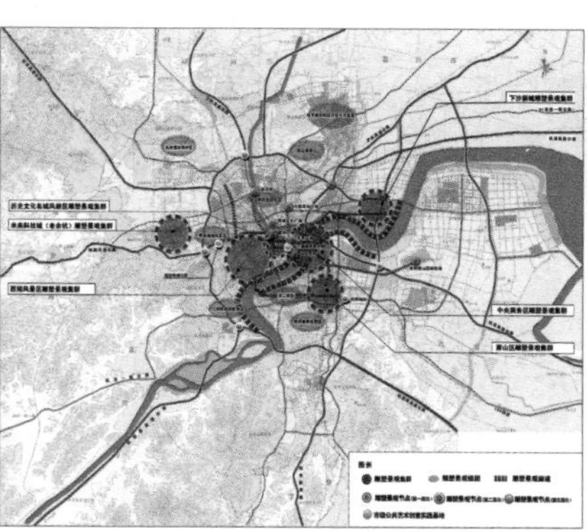
杭州市城市雕塑专项规划1

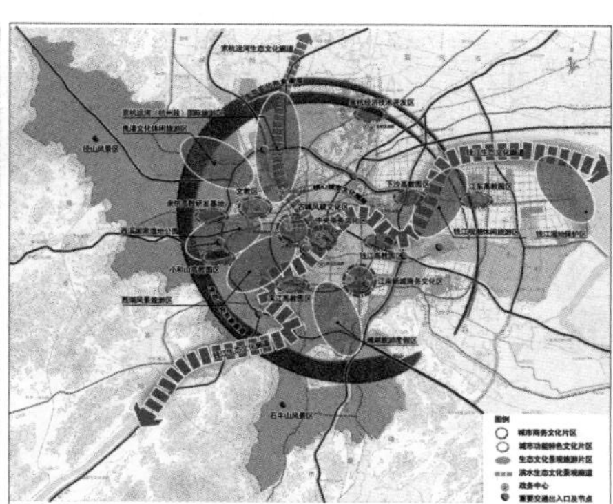
杭州市城市雕塑专项规划2

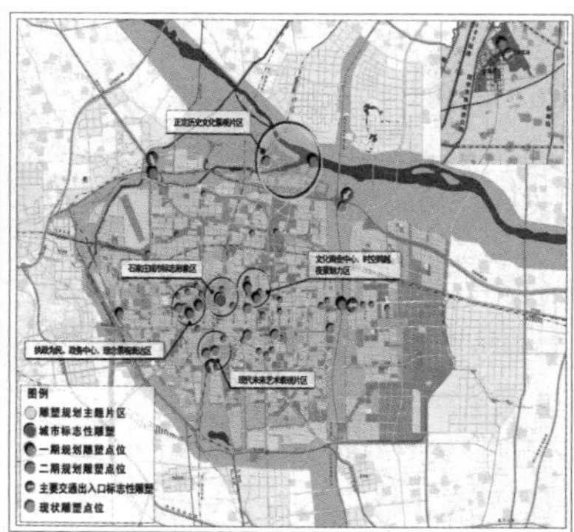
石家庄市城市雕塑总体规划1

1）城市雕塑规划示例

（1）针对市区范围。杭州市城市雕塑专项规划中，对杭州市的城市文化进行了重新梳理和解构，以城市空间形态的改造和建设为依托，全力配合杭州“生活品质之城”、“休闲之都”和“构筑大都市、建设新天堂”的总体规划目标。立足杭州的城市公共空间特征，结合杭州城市的时代特色，充分挖掘和整理素材，对杭州雕塑进行全新的策划和创新，最后形成了全面的雕塑建设规划框架，制定了科学规范的雕塑导控方案。

（2）连带方案设计征集。①《石家庄市城市雕塑总体规划》：2010年，中国建筑文化中心公共艺术部受石家庄市人民政府委托，为石家庄“燕赵风情”城市雕塑大赛的推行，展开了城市文化景观与主题雕塑创意规划、城市雕塑大赛组织策划、雕塑方案遴选评比、方案实施工程质量监控等一系列专业的策划、实施活动。该项目不仅推动石家庄市委、市政府做好城市与产业布局调整、基础设施攻坚、生态环境恢复，实现城市三年大变样的规划目标，也为参与项目活动的优秀雕塑艺术家和团体提供了机遇。②《“梨乡水城·魏都”魏县雕塑文化之城规划》：《“梨乡水城·魏都”魏县雕塑文化之城规划》旨在突出魏县鲜明的地域特色，重塑魏县传统文化的独特魅力，弘扬新时期魏县人文精神，以汇聚世界的、中国的历史雕塑文明为主要内容。不同文化艺术的雕塑作品多样纷呈，共同丰富“雕塑文化之城”的内涵，引导魏县旅游经济的发展，从而助力魏县城市经济社会的繁荣发展。

石家庄市城市雕塑1

石家庄市城市雕塑2

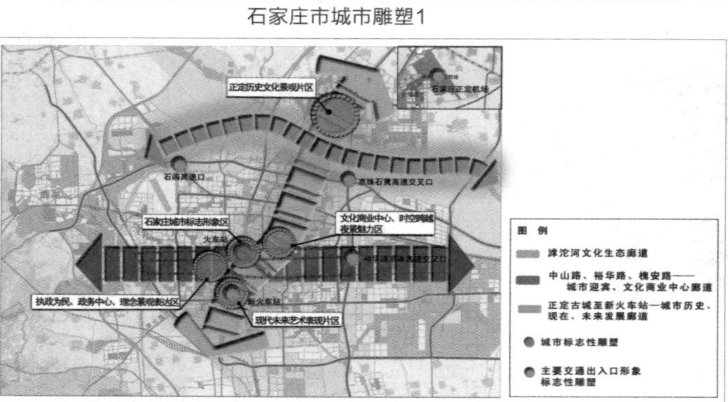

石家庄市城市雕塑总体规划2

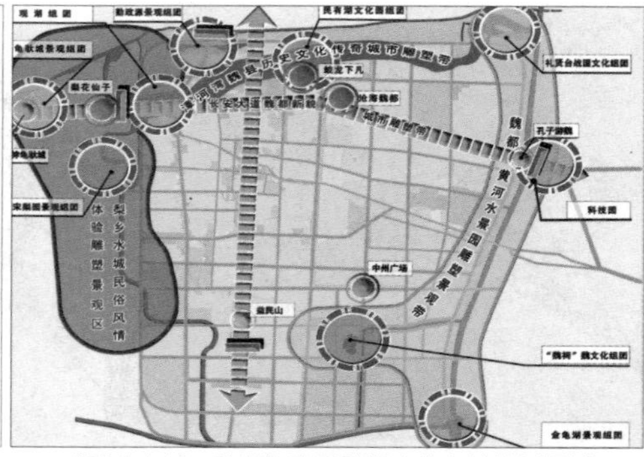

“梨乡水城·魏都”魏县雕塑文化之城策划规划

（3）针对重点景观地带。①《六安市河西区淠河城市景观带雕塑规划》：在汲取国际经验的基础上，六安市城市雕塑规划根据自身的发展需求，在树立“大六安”的区域发展观念下，对六安地区、皖西地区进行全面的文化资源整合，制定了于六安中心城区重点集中表现、以为城市找“魂”为中心主题，营造雕塑及景观环境，从而形成有别于其他城市的六安特色风貌体系。②《乌鲁木齐市经济技术开发区二期延伸区文化景观规划》：根据乌鲁木齐市的规划要求，其城市公共艺术景观规划架构主要表现在，以经济技术开发区公共艺术景观为主要现代文化景观展示区。为此，乌鲁木齐市分两步走，制定了详细的近期建设方案和长远规划蓝图，通过丰富城市公共艺术环境，提升城市现代文化品位，增强城市的文化竞争力和吸引力。

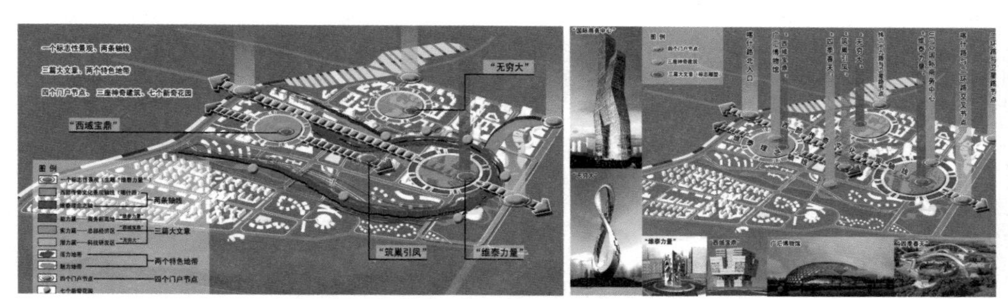

乌鲁木齐市经济技术开发区二期延伸区文化景观策划规划

2）城市雕塑规划建设路径

城市雕塑规划建设路径主要从项目理解与解读、项目技术路线、规划总体目标、规划编制依据、规划范围、规划期限等方面探究。

（1）城市概况及城市雕塑现状评价。在城市雕塑规划中，首先要对城市的概况进行调查，做好上位规划与分析及城市雕塑现状梳理与评估，并进行国际对比与借鉴。

（2）城市文化与雕塑题材梳理。主要涉及城市文化元素的归纳整理、城市文化的形成肌理与文化空间覆盖、文化特质与城市精神、城市雕塑题材研究等。

（3）城市雕塑规划控制与发展策略。包括解析城市雕塑建设的空间模式，解析城市雕塑空间资源，总体把握城市雕塑建设区域以及确定城市雕塑重点建设项目规划控制手段等。

（4）城市雕塑规划总体结构。包括规划基本思路、指导思想与规划原则、总体雕塑布局规划结构、城市雕塑规划核心结构系统导控等。

（5）城市雕塑重点提升区域导控细则。可从规划提升目标、设计原则，并参考城市雕塑景观项目导控范例等入手。

（6）城市雕塑建设管理机制建议。对管理机制、组织实施机制、评审机制、资金运作机制等方面综合考量。

第四部分　当代公共艺术建设路径探索与发展

目前我国的城市公共艺术规划仍存在被简单等同于城市雕塑规划的认知现象。随着社会的发展，城市雕塑是城市公共艺术的重要表现形式而非唯一形式的认识将被广泛接受。在这个基础上，扩展公共艺术的概念，鼓励多元化的公共艺术规划也就成为时代发展的趋势所在。

Currently in China, there is still the cognitive phenomenon that urban public art planning is simply considered as urban sculpture planning. With the development of society, it is widely acknowledged that urban sculpture is an important manifest pattern of urban public art, but not the sole pattern. Based on that, it becomes a trend to expand the concept of public art and encourage diversified public art planning.

4.1 公共艺术规划是未来的发展趋势

Trends 发展趋势
Public Art Planning 公共艺术规划

城市公共艺术不能脱离规划。

城市建设工作虽然存在“以规划为建设的龙头”的共识，但城市建设中规划先行的理念却没有很好地执行，尤其是在公共艺术方面。我国的公共艺术发展依然存在自由盲目的缺点——公共艺术项目在什么地方做，做什么，怎么做，没有先行规划，而往往是政府及投资者主观地根据自己的片面认识对城市的建设提出要求，难以达到理想的效果。因此，城市的公共艺术项目应由城市规划确定。

同时，目前我国的城市公共艺术规划仍存在被简单等同于城市雕塑规划的认知现象。随着社会的发展，城市雕塑是城市公共艺术的重要表现形式而非唯一形式的认识将被广泛接受。在这个基础上，扩展公共艺术的概念，鼓励多元化的公共艺术规划也就成为时代发展的趋势所在。

城市公共艺术不能脱离规划，对公共艺术进行规划并付诸推行，至少可以带来三个方面的作用：

（1）提高公共艺术的总体建设质量。通过规划，能够根据具体的环境特征对艺术品有所要求，从而营造艺术品与环境的协调性，提高环境建设质量。

（2）优化公共艺术作品的空间布局。在规划时，往往会对城市现有公共艺术现状等做充分的调研分析，并通过规划，确保公共艺术建设有步骤、有秩序地进行。例如美国亚特兰大市曾制定的一份城市公共艺术规划，其中就涉及详尽的布局标准，将各种相关的因素考量入内，这些都为确保公共艺术在城市的精准布局提供了帮助。

（3）突显公共艺术作品的公共性。明确公众参与的方式与途径，体现公共艺术的公共性，并且在规划前期，还可以对民众进行调查，实现城市居民表达意见的积极作用。

4.2 建立分级管理体制

Level-to-level Administration 分级管理

信息互通、协调一致地执行**城市公共艺术**建设的**总体规划**与重点**把控**。

公共艺术项目的产生应该建立一套科学的分级管理机制——由国家级公共艺术建设指导单位为决策层，城市公共艺术管理办公室为执行层，公共艺术艺委会为学术专业层，形成公共艺术建设管理体制，并建立城市各级别政府部门在城市公共艺术建设管理上的垂直管理与运作机制，从而实现信息互通、协调一致地执行城市公共艺术建设的总体规划与重点把控，提高城市公共艺术的质量和监管力度。

同时，公共艺术管理制度不同于一般艺术的管理制度。作为公共财产的一部分，公共艺术作品方案的审批、招标、设计、设置、版权、保护等都亟待立法。完善相应的法律法规，对城市公共艺术健康发展具有重要的意义。

4.3 完善公众参与机制

Public Participation 公共参与

它不是**独立存在**的，因此应当完善公众参与机制，为公众**全方位**参与公共艺术项目提供**制度保证**。

城市公共艺术项目，因其公共性，必然涉及社会众多阶层和机构，不仅需要政府领导和职能机构，还需要城市规划设计专家、城市文化研究学者、艺术家、景观设计师、建设业主和社会公众等各方面积极参与合作。它不是独立存在的，因此应当完善公众参与机制，为公众全方位参与公共艺术项目提供制度保证。

在发达国家，公共艺术规划十分重视公共艺术与社会公众的对话与交流。如利用大众媒体宣传推广，不定期报道城市最新公共艺术建设动态，征求作品，邀请参与，问卷调查等，并把公众对艺术品的态度视为重要的考量依据。同时，公共艺术的社会教育也成为与公众交流的重要渠道，例如美国达拉斯市的公共艺术规划中规定：从事公共艺术的艺术家有责任到各级学校进行社会教育，向公众阐释创作理念、制作过程与方法等。而社会教育的渠道主要有参观、展览、演讲、召开听证会、请小区居民协助作品制作、提供媒体资料等方式。诸如将公共艺术纳入学校的课程，将当地的公共艺术作品列入教材供各级学校使用，将公共艺术的推广教育引入正式教育的轨道，城市公共艺术机构将公共艺术作品印成艺术地图并标注其详细信息等举措，都旨在通过各种手段，提升公众对公共艺术的认同感，使公共艺术真正进入城市生活。

而国内公共艺术的公众参与主要体现在设置规划过程中邀请公众参与前期调查，在实施过程中参与方案评选及艺术家参与创作等方面。借鉴国外的长处，结合国内现状，我们可以总结出较为适合国内公众参与公共艺术的渠道与机制。

1. 为公众参与公共艺术服务拓展渠道

丰富参与形式，如举行媒体沟通、代表大会、听证会，以及公众投票、公开展示、问卷调查等多元化渠道。

2. 成立公共艺术爱好者团队，使公众参与公共艺术项目的全过程

主要服务于社区公共艺术，团队组织由爱好公共艺术的公众组成，可以全面参与公共艺术的前期调查、策划、设计、后期管理维护、社会教育等。发挥公众参与的热情，弥补公共艺术管理机制的空白。

3. 制定公共艺术规划，将公众参与纳入规划

在规划中明确公众参与的方式、途径，为公共艺术有效体现公共性创造基础。除常见的公众参与形式，还有许多渠道、模式可以根据城市各自特点进行引导，如典礼、展览、出版、表演、网站公示、访谈、座谈、征文、比赛、市集等，这些公共艺术的公众参与方式多样，因不具普遍性，城市公共艺术规划时应结合具体需要，将它们列入规划条例中。

4.4 城市公共艺术作品征集模式

Pattern of Collection 征集模式

委托创作、招标征集、**公共艺术大赛**、设置特定的公共艺术公园收集、公共艺术创作营、**成品购买等模式**。

城市公共艺术作品的征集具有多种不同的组织方法，主要有委托创作、招标征集、公共艺术大赛、设置特定的公共艺术公园收集、公共艺术创作营、成品购买等模式。而这些征集模式的组织也具有多样性，如政府主管部门亲自操作，企事业单位或个人按相关程序自行实施，委托公共艺术界中间策划人或城市文化景观与公共艺术专业人士负责具体操作等。这些征集模式与组织方式都有优势，也存在不足。

1. 委托创作

创作条件：针对特定而明确的文化主题与特定环境。

创作者选择：指定某个特定创作者或团体，一般为知名公共艺术家。

创作方式：需求方与创作方都有一个较为明确的目标和取向。

优点：作品通常具有较高艺术水准，其象征意义与主题明确，并能从作品的形态、尺寸、色彩、质感、风格与设置形式等方面充分考虑与环境的协调性。

不足：公众参与性差，作品选择性较为固定单一。

2. 招标征集

创作条件：针对特定明确的环境进行多方案、多种风格比较的模式。

创作者选择：可从社会公开征集符合条件的应征者中选定，或指定相关创作个人与团队。

创作方式：按照设置的场所和大致主题进行创作并考虑良好性价比。

优点：多种手段与多种风格能进行比较选择。

不足：创作大师、公共艺术大家一般不会参加。

3. 公共艺术大赛

创作条件：往往不设定具体环境，只确定一个泛主题。

创作者选择：参与创作层面众多复杂，水平参差不齐，为确保大赛水平，组织者会指定一部分专业团体和个人。

创作方式：风格与表现形式多种多样，作品题材广泛，由专家评审选优。

优点：举办获奖作品展览，公众参与性强，社会宣传影响力度大，对于普及公共艺术有较大意义。

不足：往往作品与设置场所之间缺少关联，成功作品比例较小。

4. 公共艺术公园

创作条件：作品须与公园环境和自然环境有机结合，有较长周期。

创作者选择：社会公开多渠道获取。

创作方式：通过公共艺术论坛、展览会、巡回展示、租借、集中创作等方式，也有大师精品复制和分期主题多次创作征集。

优点：公共艺术的集群化展示，使原本良好的公园和自然环境在公共艺术的作用下上升到一个文化高度。

不足：投资大、周期长。

5. 公共艺术创作营

创作条件：在一个较小指定环境内，指定相关主题、材料等，短周期、集体创作。

创作者选择：一般都会是较为国际化且相互熟悉的公共艺术创作圈。

创作方式：主办方提供所有后勤服务支撑条件，短周期内从方案到制作安装一揽子完成。

优点：投资较少，快速获取大量公共艺术作品，风格较为多样迥异，呈现国际化运作的特色。

不足：有些作品制作不够精良，有些作品较草率。

6. 成品购买

一般单位内部、社区环境的公共艺术建设可以针对环境特点直接通过创作、制作渠道购买相应的公共艺术作品，便捷快速形成公共艺术环境，但要获得优秀作品和有归属性、针对性的作品不太容易。

4.5 经费保障措施

Funds 经费

公共艺术的资金来源应该实现多元化。

目前，国内的公共艺术项目建设基本上由政府主导，在资金运作机制上同样体现了这一特征。但在一些社会经济发展水平较高、文化需求与城市环境景观需求较高的大中型城市，也出现了城市公共艺术建设主体的多样性。

据分析，中国当代公共艺术资金来源形式主要有三种：固定的政府财政拨款、不固定的政府财政拨款和开发商投入。固定的政府财政拨款具有数目不大、应用范围较小的特点。不固定的政府财政拨款具有不同公共艺术项目专门立项、严格预算核算制度、带有鲜明的政府职权印记的特点。而开发商为营造良好环境，会对公共空间进行艺术化改造，然而其中心目的在于商业利益的营利，且开发商对城市的开发是片面的、隔离式的，因此，无论是从公共艺术倡导的福利化精神还是从宏观上把握城市公共艺术，它都存在不足。

因此，公共艺术的资金来源应该实现多元化。而要保障公共艺术资金来源的前提就是立法，确定公共艺术在城市建筑项目中的占资比例。目前，较为可行的公共艺术项目的建设经费保障方式主要有以下几种：

（1）政府基金与税务优惠：毫无疑问，政府对提高城市公共艺术水平有着鲜明的需求，因此应考虑设立公共艺术政府基金，根据财政情况和项目动议不定期划拨资金，直接参与公共艺术项目建设。而公共艺术项目建设主管职能部门，则应有较为充盈的日常办公与研究经费，不断策划、谋划城市公共艺术项目。一些个案项目还可由政府专项拨款解决。如果地产或建筑开发商在项目建设时期考虑并实施了相关公共艺术项目，亦可在税收方面给予相应的优惠政策，以此提高城市建设者在公共艺术投入方面的热情。

（2）设立“百分比政策”：将投资额超过一定数额的城市建筑等建设项目执行公共艺术“百分比政策”，其保留比例可根据实际项目情况制定一个较为灵活的办法。世界上许多先进城市已经相继实施了百分比公共艺术政策，确立了政策的相关法律地位，使这一政策对城市环境有了实质性贡献。

（3）公共艺术基金：由城市的建筑、园林、文物、风景旅游区、新区开发区等城市功能区内公共艺术管理部门筹资，从建设维护经费中出资。

（4）社会赞助和捐赠：充分引导和调动社会资源对公共艺术项目的喜爱与关注，以慈善公益形式、体现团体和个人社会价值形式吸引社会力量的赞助和捐赠。

以上的几种方法措施可供参考，并且通过创新，还可以探索新的可行办法，进一步促进城市公共艺术发展。尽管从目前来看，中国当代城市公共艺术在制度发展、艺术方向、技术创新等方面存在诸多问题，但随着社会的发展，艺术制度逐步健全，观念逐渐转变，公众素养不断提升，这些问题也将得以改进。

4.6 特大城市及一些前卫城市的公共艺术意识觉醒

Awakening 觉醒

城市化水平的提高带动人们思维观念、生活方式等方面的转变，推动城市经济、文化和社会结构的改变。

我国城市化发展相比西方国家起步晚，进程曲折，发展较为缓慢。改革开放以后，我国的城市化发展才进入稳定上升期，这期间取得了巨大的成就，有效数据表明我国城市化水平由1978年的17.9%增长到2016年的57.35%，成为世界城市化发展史上高速增长延续时间最长的国家之一。

城市化水平的提高带动了人们思维观念、生活方式等方面的转变，推动了城市经济、文化和社会结构的改变。如今，经济全球化、政治多极化、社会信息化、文化多元化成为时代发展的趋势。城市发展也趋于个性化，在未来的城市发展中，城市文化、城市生态、城市形象、城市精神等因素构成的城市软实力将会成为城市发展战略中的重要部分。

中国当代公共艺术与城市化进程、城市软实力发展之间联系紧密。一方面，城市化语境是公共艺术存在和发展的土壤；另一方面，公共艺术在城市化进程发展、城市建设中发挥着重要的作用，能够起到凝聚城市时代精神、展现城市文化、提升城市形象等多方面的作用。

20世纪80年代中期，公共艺术在我国城市的发展中虽然取得初步的成效，在北京、上海、深圳、杭州、重庆等大城市也积累了不少项目实践经验，有不少成功的公共艺术案例，但是总体而言，现状却不容乐观。目前仍有大部分大城市没有意识到公共艺术在城市发展中的意义，还有些城市的公共艺术项目实践缺乏系统规划等。这些问题，都有待于在未来城市发展中一步一步去改变。

基于中国城市化发展的趋势，众多经济学家均认为，中国城市化水平仍将持续上升并影响人类的进程，百万人口的城市将持续增多。因此，中国当代公共艺术在未来的几十年内，仍然有着巨大的发展前景和空间，现在正是公共艺术在我国各大城市和前卫城市中发展的大好时机。

4.7 公共艺术的“中国模式”

Chinese Model 中国模式

只有**遵循公共艺术**的本土化创新方向，才能真正将公共艺术变成**有血有肉**、有社会**价值**的中国公共艺术。

公共艺术是一座城市文化和精神的载体，它的发展必然要符合城市的地域文化特色。一项不具备本土文化特征的公共艺术，就不具备当地文化的代表性，那么它也就没有存在的基础。因此，公共艺术虽然是一个外来词汇，但当它进入中国后，就要面临全新的环境和人群，它的本土化是它在中国生存、发展的必经之路。

城市公共艺术的个性化就在于它的本土化。经过数千年的历史发展，中国的每一座城市都形成了自己独特的文化底蕴和特色，它表现在城市文化、经济、生活等各个方面。对它们进行继承、解读、发展、创新，才可以使公共艺术作品具有共鸣性，从而让公共艺术成为精神信仰与城市名片。国外的公共艺术发展就具有浓厚的本土化特征。20世纪80年代，我国的公共艺术发展就走过一段对西方公共艺术的学习、模仿和搬用的弯路，直到现在，国内许多公共艺术项目设计仍在生搬硬套国际优秀设计。

同时，一座城市的公共艺术要发展，仅仅要求本土化是不够的，更重要的在于创新设计。同时只有通过创新，才能摆脱依靠国外优秀设计的困境，真正实现本土化，把公共艺术变为具有中国时代精神的大众艺术。当今，中国也为公共艺术营造了开放、自由、包容、创新的有利环境。

中国本土文化底蕴深厚，中国的艺术表现形式也极丰富多样，公共艺术作为极具包容性的艺术门类，在中国的发展既能扎根于本土文化，又能在宽泛的艺术语言中进行创作和设计。只有遵循公共艺术的本土化创新方向，才能真正将公共艺术变成有血有肉、有社会价值的中国公共艺术。

4.8 推广建立与城市发展建设并行的"公共艺术百分比"政策

Differentiation 分化
Public Art 公共艺术

公共艺术归入政府项目范围，明确相关**规范要求**，为公共艺术的**发展**创造了良好的空间，使得公共艺术能够**具体实施**。

社会经济的发展带动城市的发展，人们的物质文化水平与精神文化需求也将同步提升。公共艺术参与到城市发展中，与城市的新一轮建设同步，成为时下最为先进的城市规划建设理念。只有在发展城市的同时，重视公共艺术的价值，将公共艺术规划纳入整个城市规划的专项规划中，而不是机械地、生硬地画蛇添足，未来城市才会更加美好，公共艺术才会真正为公众服务。

然而，要真正实现公共艺术与城市发展并行，就必须做好以下三点：

（1）普及公共艺术概念。可从校园与政府方面实现，通过学校教育普及公共艺术概念，培养广大青少年对公共艺术的认识。政府围绕公共艺术普及举行多元化的活动、宣传和建立资源信息平台，如举办展览、比赛、公共艺术法制政策宣传、理论培训等。

（2）建立一个良好的制度环境。出台于20世纪90年代并经修订的《城市雕塑建设管理办法》是我国现有的公共艺术法规。但是，我国尚未全面开始使用国际通行的"公共艺术"概念，大部分人的公共艺术意识仍然停留在"城市雕塑"的范围里。再者，我国现代城市公共艺术建设相关的法律对公共艺术方面鲜有涉及。因此，我们必须先做好公共艺术制度的修订以及城市公共艺术的规划、审批、管理等方面的立法建设。制定切实可行的法规，规范现代城市公共艺术的规划、组织、设计、资金筹集、验收、维护、处罚等流程及要求，真正将现代城市公共艺术建设与管理纳入法制化的轨道。良好制度环境的建设，是规范城市公共艺术发展的重要基石。

（3）普及公共艺术项目与公共艺术规划。这需要政府、民间组织、艺术家及大众的共同努力才能实现，尤其是政府的政策在其中发挥着重要作用。“公共艺术分化”政策就是其中不可或缺的方案。浙江省台州市于2005年发布的《关于实施百分之一文化计划活动的通知》就是一个很好的将“公共艺术百分比”政策具体体现的案例，可以参考。公共艺术归入政府项目范围，明确相关规范要求，为公共艺术的发展创造了良好的空间，使得公共艺术能够具体实施。

公共艺术是发展着的、多元化的，作为“上层建筑”，它由经济基础决定。城市经济在不断向前发展，人们的精神文化需求也相应出现变化。另外，大众的广泛性、差异性必然导致喜好、追求的多样化。所以，未来的公共艺术项目建设，应该摒弃单一的意识形态，拓宽发展形式，探索新的内容并加以实践，而不是仅局限于城市雕塑、壁画等传统形式，做到既能传承又能创新。在形式、方法上，应当充分采用新科技的优势，将多媒体艺术、地景艺术、公共设施艺术化等丰富运用，从而使公共艺术走进现代化城市中，走到人们身边，与城市生活密切联系。

城市是不断发展的，所以在城市公共艺术项目规划建设中要向前看，学会给城市“留白”。许多城市在规划中忽略了这一点，给未来城市规划带来许多问题。有计划、有步骤地进行公共艺术建设，善于“留白”，使城市规划得到良性发展。因此，优化公共艺术项目时，公共艺术规划应该被纳入城市的总体规划中，做好现状调研、文化分析、公共空间结构分析等工作，然后提出科学的实施方案。不急功近利，不贪图数量，稳步实施，良性发展，是公共艺术发展中应该注意的问题。

公共艺术是城市建设中不可或缺的一部分，它和我们的生活息息相关，对美化我们的城市环境、提升城市形象具有重要意义。我们也相信，它的发展一定会与我国的城市现代化同步，在完善相关法规、普及理念的基础上不断发展，我们的城市公共艺术一定会取得显著的成效，为一座座城市留下宝贵的精神财富。

4.9 从“艺术装点城市”到“艺术引领城市”

Decorating 装点
Leading 引领

中国的城市化进程从量变逐渐趋于质变，公共艺术也经历了近 30 年有意识的实践和研究。

1978年8月，中国美协筹备小组曾召开一个专门的雕塑会议，主题是雕塑如何配合城市建设，彼时的公共艺术以雕塑为主，对其功能定位也只是局限于辅助的装点功能。改革开放初期，专业人士开始走出国门，通过一系列的留学与国外考察，雕塑和城市之中的建筑、广场、公园之间的关系逐渐被重视，形式美法则受到广泛推崇和接受。同时，全国城市雕塑规划在中国美协的推动下，由上而下地在全国重点城市中推广，全国城市雕塑艺术委员会成立。但这次推广带着浓厚的“国家意志”，突显了国家政治，公众诉求并未得到重视。

20世纪90年代之后，特别是受到“85美术新潮”观念的影响，公共艺术开始跳出雕塑和壁画等艺术形式，呈现出多元化发展的趋势，和其他相关专业的结合也越来越紧密。市民艺术素养的提高、商业化氛围日渐浓厚、大拆大建的城市建设等，产生了巨大的合力，使公共空间开始体现世俗化和公众理念，在城市建设中全面开花。

进入新千年之后，中国的城市化进程从量变逐渐趋于质变，公共艺术也经历了近30年有意识的实践和研究。时代的舞台已经搭好，北京奥运会和上海世博会的成功举办，让公共艺术进一步走进公众视野，并表现出新的艺术手段和艺术语言，北京奥运会的中国传统元素让公众感受到不可抗拒的东方魅力，而上海世博会的互动性虚拟影像成为最大亮点之一，充分体现“城市，让生活更美好”的主题。

FIVE 第五部分 当代公共艺术观点

基于中国城市化发展的趋势，众多经济学家均认为，中国城市化水平仍将持续提高并影响人类的进程，百万人口的城市将持续增多。因此，中国当代公共艺术在未来的几十年内，仍然有着巨大的发展前景和空间，现在正是公共艺术在我国各大城市发展的大好时机。

Based on the trend of urbanization in China, many economists believe that the level of China's urbanization will continue to improve and impact the progress of human beings, and the number of cities with population over one million will continue to increase. Thus, in the dozens of years to come, contemporary Chinese public art still boasts enormous development prospect. Now is a good time for the development of public art in many cities in China.

5.1 宋伟光：公共艺术的性质与价值实现——兼及公共艺术教育

Value Realization 价值实现
Education 教育

宋伟光

宋伟光，中国《雕塑》杂志执行主编，中国工艺美术学会雕塑专业委员会秘书长，《中国雕塑年鉴》副主编、编委会副主任，北京城市科学研究会雕塑专业委员会副主任，北京市城市规划委员会咨询专家，清华大学美术学院高研班导师。

公共艺术不是一个脱离和超越时空的艺术方式，公共艺术的诞生基于公民社会的出现，它属于现当代社会的一种文化形态。中国的公共艺术在发展的进程中，有其自身的特性和问题，因而，对公共艺术的价值实现，须从其发展形态、性质以及教育问题上作进一步的探讨。

1. 中国的公共艺术是伴随着公共意识的成长而进步的

在中国，当代性的公共艺术形态，是从20世纪80年代开始的。从改革开放的萌芽期走到了2000年左右的成长期，又从成长期走到了今天的多元并存、互补发展的历史时期。初期虽然有介入到公共环境里的雕塑作品，呈现出一种公共艺术介入空间的艺术形态，但是它们在一定程度上带有雷同化的、模仿性的甚至是抄袭的成分。这是由于当代性的公共艺术在当时还没有形成一种认知，当然，也由于监管机制的不健全所致。所以，萌芽期的中国公共艺术出现了一些与环境不协调、与人文精神不适应、缺乏认同感的城市

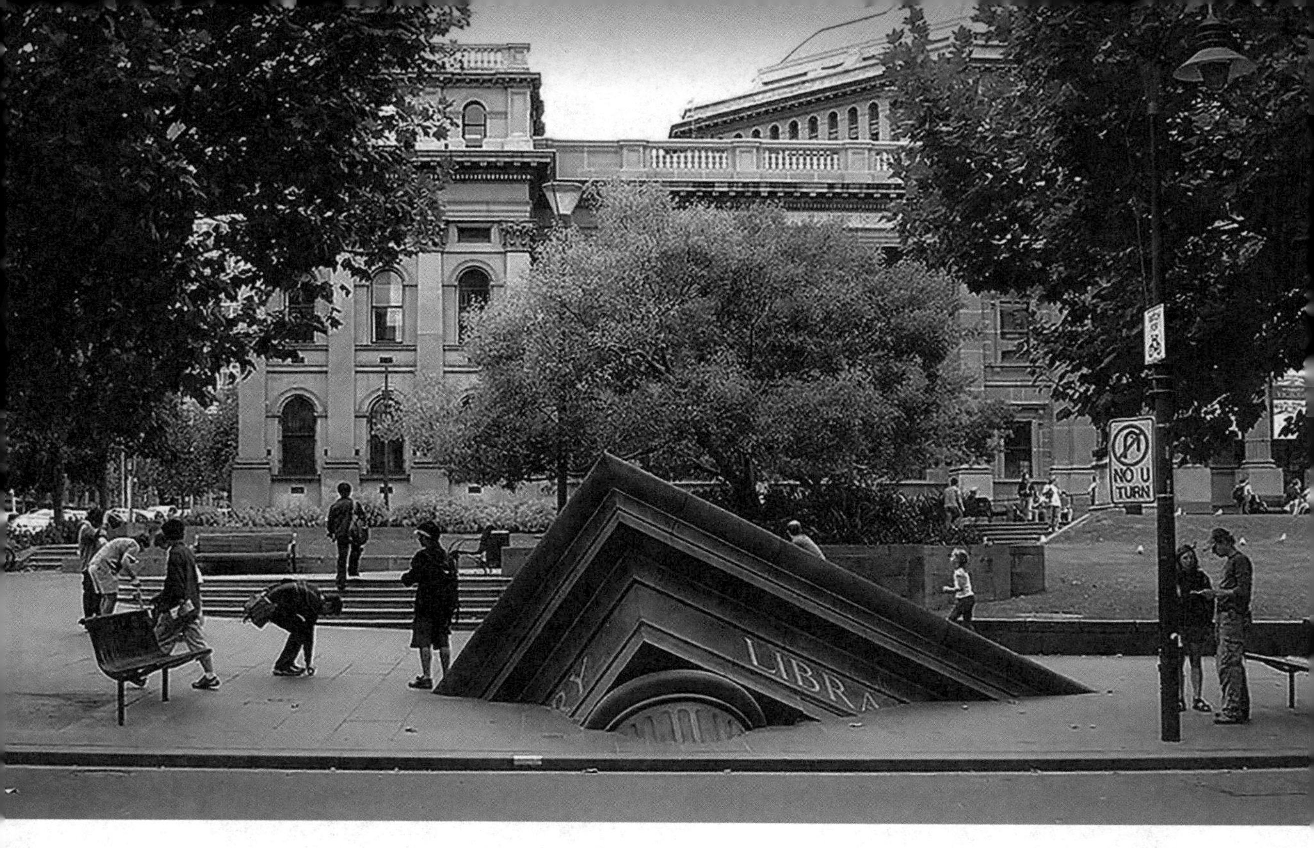

雕塑。之后，随着政府监管力度的加强、雕塑家自律性和公共意识的提高以及赞助方、政府和雕塑家达成了某种默契，中国的城市雕塑慢慢地呈现出具有参与性、互动性、过程性、多样性，有当代公共精神的雕塑形态。客观地讲，中国的公共艺术是伴随着公共意识的成长而进步的。

2. 公共艺术是一种带有妥协性的艺术

以往的公共艺术带有一种信仰与被信仰、崇拜与被崇拜的从属关系，譬如纪念碑形态的公共艺术，它往往带有一种国家或政治审美因素，如英雄纪念碑，是纪念为国家献出生命的英雄。这种置于公共空间的文化形态，能够使受众产生诸如缅怀、敬仰等心理感受。这是一种意识形态，它是敬仰的艺术，但不是互动的艺术。80年代改革开放之后，随着中国城市化建设的大规模兴起，公共艺术多以城市雕塑的方式呈现。公共艺术更多的是艺术家将自我的审美认识找到一种可以与环境等因素联系在一起的艺术形式。最初的形式比较单一，例如扯一个绳子，做一个圈，放置一个球等，对此，业界往往将之戏称为“腾飞式”。这种单一性的、缺乏公共意识与审美水准的城市雕塑，是时代发展进程的产物。随着社会的进步，公民意识的提高，使公共艺术有了社会学的基础，所以，近一个时期，中国的公共艺术在公共空间与人文环境关系的思考上，比以往深刻了许多，出现了文化性的、多样性的公共艺术。公共艺术与文脉关系、与环境关系的作品占有很大的比例。仅以北京地铁公共艺术为例，北京的地铁公共艺术品，每年都要开展许多新项目，在开展每一个新项目之前，要有多次论证会来进行论证，逐渐形成了一种管理机制，其中不仅有艺术家、理论家参与，同时还有政府主管部门以及群众参与。不仅从环境、文脉关系上，也从材料语言上、艺术方式上以及互动性、过程性、问题性等方面进行了全面、深入的考量。所以说，中国的公共艺术在今天已经具备了自己的面貌，这个面貌不仅带有中国立场，而且还是带有世界眼光的。当然，这里面也存在良莠不齐的作品，但是优秀的作品越来越多，因为时代在发展，审美需求在提高。

对于公共艺术的建设不能只是一味地埋怨管理者，当然管理者也要和艺术家保持一种沟通，而艺术家也不要过于追求个性化，因为公共艺术发起于大众文化，是以公民性为主旨的。公共艺术在某种程度上要达成一种共识：就是将艺术个性融会在公共审美之中，因为在公共艺术的建设方面，存在着一定程度的妥协性。从根本而言，公共艺术的方式所依赖的不仅仅是风格样式，还必须有群体精神，因此，从这个角度审视，公共艺术是带有一定程度的妥协性的艺术。

3. 中国的公共艺术需要建立自己的评价体系

公共艺术的价值实现、公共艺术评价标准的确定，从根本上来说，来源于对这一问题的认知程度和文化教育的程度。这个价值标准不是政府一刀切，规定公共艺术品必须是长、宽、高有多少，多大多小，或者是什么样式。对公共艺术而言，政府不可能出台一个指定性的政策，艺术家也是各说其道，各有自己的看法。公共艺术评价体系的建立，应源于对公共艺术本质的认识，源于对公共艺术性质的认识，源于对公共艺术案例的梳理和分析。公共艺术应持有什么标准？对此，大家常常指向公共性，当然公共性是公共艺术的根本，但不应仅仅把这一性质视为唯一。其实公共性问题，欧美国家在20世纪五六十年代，就已经对此有了充分认识，已经不再将其作为一个追问的话题。而中国的学界对此也已经探讨了近三十年了，如果我们现在还继续纠缠这个问题，已无多大意义。我们应当更加着眼于公共艺术价值实现这个问题上，从公共艺术的价

值实现层面审视，实现公共艺术的要素在于其导入性。也就是说对于一种观念、一种规划、一种预设的实现，其关键之处在于选择了什么场域，导入了什么形态，这种形态的适合性决定了其成功性。譬如，在天安门广场导入了人民英雄纪念碑，它的场域传递出的是国家意识、民族情怀、英雄精神，其作用在于让人们铭记为祖国、为人民牺牲的英雄，让人们产生缅怀和敬仰之情，来激励爱国热情。所以说对于实现公共艺术的价值，导入性是关键，导入的准确性如何，直接决定了公共艺术是否具有其本身所应承载的功能和效能。再譬如导入社区，公共艺术导入社区不仅仅是起到美化环境的作用，它更深一层的意义还在于用艺术的方式、艺术的特性、艺术的参与性和过程性去调节心理，改善社区邻里之间的关系。在这方面目前我们与发达国家存在着一定的距离。再就是公共艺术的对话性。公共艺术的本质是对话性，有了公共场域，有了公共艺术，有了社区文化，就可以产生交流互动的信息，自然就有对话，对话的深浅高低、优劣程度取决于导入的恰当与否，水准的高低及准确性。对话性是公共艺术的本质，导入性是公共艺术的方法论，有了这些前提，才能达到交互性以及体现其社会福利性等目的。在这方面，发达国家对于公共艺术的方式已前进了一步，已不再徘徊在诸如公共性等问题的探讨之中，而更多的是将公共艺术上升到如何导入社区生活问题、公众心理问题、环境问题、灾难问题的艺术治疗当中。我国的公共艺术要做到这样的价值实现，这不仅仅是一个过程与时间的问题，也是一个认知与建构的问题。

4. 艺术教育有利于培养公共艺术创作人才

上文提到对于公共艺术评判体系的建设，来源于对这一问题的认知程度和文化教育的程度。

说起艺术教育，首先要提到艺术学院的专业教育，这种教育是一种具有传承性、专业性、系统性的教育。而当代艺术，却是发生在民间或者说是社会中间的。因而，当某种艺术现象出现和发展到一定程度的时候，院校作为一个专业信息集中的地方，作为一个教育和研究机构，必然会关注这些现象，看其是否能够进入教学体系，西方的学院艺术教育就是这么发展起来的。另外，院校里的教师，往往本身也是卓有成就的公共艺术家。他们既有学院背景又参与社会活动，因此，对于公共艺术创作人才的培养必然与院校有关。如果要追问传统学院的艺术教育方式对公共艺术教育是否有促进作用，或者说这种体制适不适合公共艺术，那么在我看来，它是适合的，因为学院教育，无论是雕塑艺术还是壁画艺术等，都是从本体来传授艺术和技术的。当一个从业者希望创作出社会性的艺术时，他往往离不开学院艺术教育的指导，而且学生掌握基础的造型能力也离不开学院的教育。所以说，院校的艺术教育对公共艺术的发展肯定是有帮助的，况且现在我们的大学建立了那么多的公共艺术专业，这肯定也会起到很大的促进作用。其实这个问题还有一个潜台词，就是关于公共艺术审美能力的提高还要依赖院校教育。公共艺术是精英引领民众的艺术，而不是单纯强调公共性的问题，审美教育势在必行，而审美教育从何而来？答案就是学校，学生的审美能力在学校的教育当中会潜移默化地得到提高，它会逐渐影响到大众的审美水准。

另外，从理论层面看待公共艺术就会得知，公共艺术是一个更多地在实践层面来完成的艺术学科。这是因为公共艺术是一种把公共文化研究运用到艺术实践中的艺术形态。在跨文化的比较中，公共艺术更多地应在跨学科的领域中寻找突破。关于跨学科问题，我们可以从高校为公共艺术学科所设置的课程中有所了解，如课程中有：装饰基础、雕塑基础、材料与工艺、建筑与环境设计、空间形态设计、展示设计、公共景观设计、园林建筑设计、公共设施设计、环境雕塑造型、壁画与浮雕、数码图形处理等，这在相当程度上已反映出了这个学科的跨学科性。但如果站在更高层面上来认识这一学科，那么，在相当程度上还应该在行为学、心理学、美学、社会学等层面上来探究公共艺术。这样才可以使公共艺术不仅在视觉上与我们的生活相融，还能够在思想上与我们的精神诉求相依傍，成为一种软文化。

在当代的社会情境中，公共艺术所遇到的是艺术家与公众审美情态难以互动的问题，是艺术家对权力、利益妥协的问题，是公共艺术没有真正放在城市或者环境文化的框架之中来进行整体考察的问题。因此，艺术家在对公共艺术的表现中，反映的应是精英与通俗、个人审美与社会审美相融合的文化引导，这样的一种具有公众性的艺术关系，以体现公共艺术的公共精神和公共文化的社会福利性。

5.2 孙振华：公共艺术是一种观念，是一种方法

Concept 观念
Method 方法

孙振华

孙振华，深圳公共艺术研究中心主任，中国雕塑学会副会长，全国城市雕塑艺术委员会副主任，中国美术家协会雕塑艺术委员会委员，国家当代艺术研究中心专家委员会委员，深圳市美术家协会副主席，深圳市文艺评论家协会副主席，教授、博士生导师。主要从事雕塑理论研究、雕塑艺术展览策划、公共艺术推进等，在雕塑研究上有丰硕的成果，撰有专著多本，学术论文多篇，主持策划了多个与雕塑、公共艺术相关的展览和学术论坛，身体力行地推动中国城雕的建设和公共艺术的发展。

采访人：袁 荷 武定宇

袁荷：我们知道您是最早倡导和研究公共艺术的专家之一，就概念的演变和发展来看，为什么早在西方流行的“公共艺术”一词到20世纪90年代中期才在中国出现？

孙振华：在这个问题的看法上，我跟其他学者有点分歧。我们把公共艺术看成是一个从古到今一直有的概念，还是把它看成是一个当代的概念？我个人倾向于把公共艺术看成是一个当代的概念，我觉得公共艺术并不仅仅是一种形态。如果只拿形态去推述，那过去的雕塑、建筑或者在公共空间里的一些艺术品都是公共艺术，像这样推的话，那公共艺术的历史无限长，可以推到金字塔，推到中国古代的庙宇，甚至可以推到像秦汉时期有文字记载的那些大型雕塑。我觉得像这样推的话，我们谈公共艺术，意义就不大了。

其实公共艺术于20世纪60年代初在西方出现，比如在美国出现，包括20世纪90年代它在中国出现，都有其历史背景，有它的文化契机，并不是凭空而降的。20世纪60年代的西方，实际上是一种所谓的后

现代文化的兴起，伴随的是大众文化的兴起，要把艺术还给人民等，其实是文化的转型导致的。像雕塑、壁画这样的艺术形态一直都存在，为什么要用公共艺术这个概念呢？我觉得是因为它背后的契机，即它所具有的公共性，是在西方文化背景下产生的。

20世纪80年代我们引进西方文化的时候，为什么没有引进公共艺术的概念，而是到了90年代才引进？在我看来，是因为中国文化也在发生转变，90年代的中国跟60年代的西方，有某些相似的地方，特别是到了90年代中期，邓小平南方谈话之后，大概是1995年或1996年，中国发生了很大的变化，真正地以经济建设为中心。90年代之后，中国开始出现经济、文化、社会转型的强劲势头。所以，公共艺术在中国出现，有它自己的现实性，有它自己的需求。比如说像大众文化兴起，虽然这里面可能会有一些恶俗的东西，有一些低格调的东西，但它的另一面就是普通民众有了对文化的诉求，老百姓开始主张自己的文化权利。在这个意义上说，我们要承认公共艺术的概念，它是应运而生的。

实际上，我认为公共艺术是一个当代的概念，它是伴随着一个社会对公共空间的一种民主化的要求而产生的，它体现了一种分享、参与的价值观。它跟市民社会的建设，或者说公民社会的建设密切相关，跟整个中国社会的文化转型也有着内在的关联。在这个意义上强调公共艺术，是要让更多的老百姓参与到艺术里面来，不再像过去，尤其是80年代精英主义时期，艺术家给公众什么，公众就被动接受什么，20世纪90年代以后，老百姓开始对公共

事务、对公共空间的艺术产生越来越多的兴趣，而这种现象需要找到一个理论支撑，需要找到一种很好的表述方法，公共艺术因此在这个时候产生了。

还存在一个问题，我们从西方引入了公共艺术这个概念，但它与中国目前的国情并不完全吻合。怎样把它中国化，怎么和中国现实的社会结构，包括权利关系、社会阶层的分布等联系起来都是一个需要解决的问题。并不是说我们引进了一个公共艺术的概念以后，我们就像西方一样，就有了公共艺术，并且自然而然地就可以把公共艺术做好。在西方的文化背景里产生了公共艺术这样一个概念，的确是很成功，做得也很好。但把它引入中国后，是不是必然就会做好呢？我觉得这是一个巨大的课题，还有很远的路要走。

袁荷：您曾在写作中认为公共艺术与城市雕塑之间不是同属关系，那它们到底是一种什么样的关系呢？什么样的作品才算作是公共艺术？

孙振华： 城市雕塑和公共艺术应该是两个概念。公共艺术更侧重艺术与社会的关系，与公众的关系，与政治的关系，与公共空间的关系，与老百姓日常生活的关系。所以我在《公共艺术和社会学》《公共艺术和政治学》等文章中探讨了这个问题。

严格说起来，雕塑还是一个艺术形态。雕塑在我们过去的艺术学学科里面，是有一个明确的界定的。比如说它是由物质材料构成的，三维空间的，能够用具象的或者抽象的东西来表达一定时代的内容，表达具体的人物事件，然后具有一定的纪念性等等。而公共艺术并不是只有雕塑这种形态，它是多种多样的，它可以

有像雕塑这样的立体形态，也可以有像建筑那样的构筑方式，也可以是装置的方式，还有平面的像壁画的方式，甚至它还可以是个活动的概念或活动本身。公共艺术并没有说一定是一个公共造型艺术。

所以公共艺术所包含的形态很大，因为它可以利用一切可能的艺术形态，来实现它在一个城市公共空间里的诉求，而城市雕塑就是一个雕塑。公共艺术跟城市雕塑相比，它的生产背景和生产方式发生了变化。在过去，城市雕塑的生产模式是比较点对点的，也就是委托人和艺术家之间的一种博弈。而公共艺术的主体不一定只是艺术家，艺术家在公共艺术里只是扮演了一部分角色。公共艺术同样也有一个委托方，但是这个委托方不只是艺术家个人，它还涉及艺术的消费者。公共艺术不仅是为他们创造的，他们同时也是艺术生产的参与者，他们在生产的过程中，提出他们的诉求，表达他们的意见，这就是我们所说的公共艺术的一种制度。

所以公共艺术和非公共艺术，最大的差别就是在生产方式上。即是引用过去的、封闭式的，委托人和艺术家之间的那种直线的、单向的约定？还是变成一个多元的、多方向的、多方参与的合作性约定？在公共艺术的创作过程中除了合作性约定之外，还涉及很多因素，比如，女性主义、心理暗示等。

袁荷：您走访过很多国家，您认为中国的公共艺术与国外的公共艺术相比，差距主要体现在哪些方面？

孙振华：现在谈得比较多的有美国的费城、芝加哥，有澳大利亚，欧洲有些城市也做得蛮好的。中国与国外相比，可以从以下几个方面看出差距。第一是要有一个比较好的机构，叫公共艺术委员会或城市建设委员会等。这个机构一定不是纯官方的，也不是纯民间的，它是由各方代表组成的。第二是需要有一种规划，这种规划或许不是很具体，但会结合城市发展而制定。第三是有民众的反映，这点很重要。像一些民间组织有时候也会提出一些诉求。第四是要有专家委员会，它就可以根据民众的诉求，决定在什么地方，动用多少资金来做这件事。至于说怎么把作品征集下来，会有很多方式。比如说招标，也有自由投稿，包括业余者的参与，总之它并不死板。第五是确定方案，进行公示。一个方案基本上成形以后，不光要提交委员会讨论，还要向市民公示一段时间，方案可能需要就公示以后民众的看法和意见精心修改。比如蔡国强在美国的一个方案已经获得了公共艺术委员会的通过，在公示时有黑人提出方案的两个圆环很像手铐，会让他们产生一些不愉快的感觉。公共艺术委员会很认真地听取了这些黑人的意见，并要求艺术家做出修改，最后蔡国强将其修改为略带方形的形体。这个过程是一个非常民主的过程，而我们所要学习的正是公共艺术所带来的这种新观念、新方法，让我们养成一种民主的习惯，养成真正尊重公众，让艺术回到人民中间去，将艺术还给人民的意识。

武定宇：公共艺术进入中国以后，还明显地感觉水土不服。比如说在中国的公共艺术教育方面，也存在着很大的问题。据不完全统计，全国已有一百多所院校不同程度地开展了公共艺术教育教学。请您就中国公共艺术教育的现状谈一谈，我们应该注意哪些问题，下一步该怎么走?

孙振华：公共艺术在中国面临的问题很多，其中有些是比较突出的。一个是没有足够的公共艺术案例来和这个概念相匹配。我们总是使用过去的那一套老观念、老方法用来做东西，如城市雕塑、环境艺术或景观艺术之类的，然后冠以一个公共艺术的名字，这是一个很遗憾的事情。而我认为现在最大的问题就是教育的问题。现在一夜之间有了很多公共艺术学院、公共艺术系，但是究竟该如何教学?这是很值得研究的。就现状而言，有的是因人设系或因人设院。比如我们现有的老师中，有些是搞雕塑的，有些是搞建筑的，或者搞设计的，把他们弄在一起，然后就成立一个公共艺术系。而所教授的课程和这些老师之前教授的课程几乎一样，最后贴一个公共艺术的标签。

目前的公共艺术教育没法形成一个标准。对公共艺术专业学什么，我个人也一直是有疑问的。我一直认为公共艺术更多是一种观念、一套方法。我个人觉得，每一个学艺术的学生，都应该上公共艺术课。如学舞蹈的、拍电影的、做摄影的，都可以学公共艺术课。在这个课上需要学习的是一种理论、一种观念。公共艺术是什么?艺术跟政治的关系、跟公众的关系是什么?艺术的社会性是什么，它的使命与价值何在?

公共艺术有一套方法，是建立在社会学基础上的一种方法，包括调查问卷、社区采访、收集老百姓的意见等。可是我们现在的教育，基本还停留在解决技能的层面，即解决你的手艺问题，学校教做雕塑、园林或水景，最后他还是一个搞雕塑的人、搞园林的人或搞水景的人，最终他还是不知道什么是公共艺术，这让人觉得很遗憾。公共艺术是多种形态的，十八般武艺都可以成为公共艺术，你教他哪一般武艺都是不全面的，只有让学生掌握其基本理念，了解操作方法，才可能使之成为一个好的公共艺术家，然后他再找一个适合的形式和载体来进行表达。

5.3 王中：公共艺术绽放城市友善表情

Amicability 友善

王 中

王中，1963年1月生于北京，1988年毕业于中央美术学院雕塑系，现为中央美术学院教授、博士生导师，城市设计学院院长，中国公共艺术研究中心主任，北京市人民政府专家顾问团顾问，全国城市雕塑艺术委员会副主任，中国城市雕塑家协会副主席，中国雕塑学会常务理事，国际动态艺术组织艺术委员。曾荣获中国环境艺术杰出贡献奖、新中国城市雕塑60年建设成就奖等国家级艺术奖项，参加北京国际美术双年展、巴黎中国当代雕塑艺术展，美国中国当代雕塑与装置展等国内外重要展览。编著出版专著《公共艺术概论》《奥运文化与公共艺术》《中国公共艺术文献汇编（1949-2015）》《中国公共艺术案例展作品集》《发生·发声——中国公共艺术学术论文集》《中国公共艺术访谈录》等，并发表专业论文数十篇。

作为中央美术学院公共艺术学科带头人，王中教授十余年来致力于国内外公共艺术领域的研究工作，2000年在中央美术学院雕塑系创办中国第一个公共艺术本科教学工作室，2005年在中央美术学院城市设计学院创办公共艺术系。2007年主持建设部“中外城市公共艺术投资政策对比研究”课题，2008年受聘第二十九届北京奥林匹克运动会开幕式策划工作，作品《御风》永久安放在国家奥林匹克公园，荣获北京2008奥组委颁发“工作荣誉奖”，2009年主持上海世博园区公共艺术设计。2011年至2016年主持北京地铁8、9、14、15号线，青岛地铁M3、M2号线公共艺术项目，2015年主持北京CBD核心区公共空间艺术规划设计，2015年主持文化部“公共艺术在新兴城镇化发展中作用研究”课题，2015年主持北京CBD核心区公共空间艺术规划设计，2016年主持北京新机场公共艺术整体规划，2016年担任文化部主办中国公共艺术展策展总召集人。

城市再开发给北京的城市建设带来了机遇与挑战，在城市从规模到质量的转型期，北京的轨道交通建设迎来了新的发展时期。显而易见，新北京的轨道交通建设模式将对中国其他城市的地铁建设理念产生深远的影响，它的“文化形象”也显现一个国家的文化底蕴，甚至承载一个民族的文化自觉和意识。对北京而言，它也彰显着这个城市的文化表情。

这个文化表情绝非几个标签式的京剧脸谱符号、被高架桥掩埋的孤独城楼或者涂了灰色涂料“抚平”了沧桑的胡同景观所能粉饰出来的。一个城市的文化应该是渗透到人们日常生活的路径与场景，通过物化的精神场和一种动态的精神意象引导人们怎么看待自己的城市和生活。

北京是一座有着独特魅力的历史文化名城，无论是皇家殿堂般的恢弘，还是市井胡同的京腔京韵，都焕发着别具一格的北京味道。在这样一个人文城市里，人们对精神消费和艺术熏陶的需求是与生俱来的，随着人们生活方式的转变，这种市井文化生活还在变化中释放新

的活力。结合这种特有的城市文化进行轨道交通公共艺术创作，就成为留存北京记忆的重要手段。

为了缓解交通拥堵、空气污染等世界大都市共同面对的难题，北京地铁作为最重要的交通工具，未来五年将成为世界城市最大的轨道网络之一，轨道交通在市民生活中的地位越来重要，地铁出行已成为城市生活最常见的日常行为。同样，北京轨道交通的公共艺术也将成为城市魅力不可或缺的重要载体，目前其数量已超过100件（组）。北京地铁的个流量峰值超过1000万人次，这意味着每天与公共艺术面对面的人数不少于500万，这个数字是美术馆、博物馆参观人数的数百倍，如此庞大的社会关注度和影响力，使其不可避免地成为新的城市文化资源。显然，地铁公共艺术是城市文化建设的重要组成部分，是城市文化最直观、最显现的载体，它可以连接城市的历史与未来，增加城市的记忆，创造新的城市文化传统。

轨道交通公共艺术沿革

对于轨道交通而言，其公共空间的特殊性在于它的流动与穿越，存在时间的“时空穿越”，它既是对历史和空间的穿越，更是一个地域文化的穿越，穿越意味着阅读，意味着回顾。

随着1863年伦敦第一条地铁线路的开通，世界上已有40多个国家和地区的近140座城市建成了地铁。随着地铁线网建设的发展，国际上越来越多的城市在地铁中引入公共艺术，甚至将其纳入政府的文化政策和市民的文化福利，将地铁作为展示城市文化与艺术的新平台，使其成为联结市民文化生活的纽带。各国的地铁建设，都离不开地域的文化渊源，走入地铁就仿佛走入了一个国家和地区的文化长廊。

艺术装点空间

如何让人们在出行之余近距离接触公共艺术，让艺术走进生活，让城市更具人文魅力，成为北京轨道交通建设的重要组成部分。20世纪70年代末，首都机场一号航站楼展出了一组集体创作的壁画群，社会反响很好，此后北京地铁也开始考虑在车站引入壁画。1983年、1984年，地铁二号线的建国门站、东四十条站、西直门站分别请袁运甫、张仃等艺术大师创作了《天文纵横》

《华夏雄风》《燕京八景》《走向世界》等艺术作品。东四十条站入选20世纪80年代的北京十大建筑之一，壁画作品功不可没。这是地铁引入公共艺术的第一阶段，艺术更多依附在墙面，其特征呈现为“艺术装点空间”。

艺术营造空间

2008年北京奥运会举办前夕，公共艺术开始成规模进入地铁公共环境，其中代表当属由中央美术学院团队创作设计的奥运支线和机场支线，地铁公共艺术进入“艺术营造空间”阶段。其主要的艺术手法是艺术空间化、空间艺术化。特别是奥运支线公共艺术的创作设计，一方面把整体的空间用整体艺术语言加以放大，将柱子、吊顶、座椅、地砖、屏蔽门等空间元素进行了一体化的艺术设计，使艺术不只是依附墙面的装饰，另一方面让艺术家提前介入其中，并对这些空间元素进行深入的艺术营造，最终使其成为一个整体的艺术空间。

公共艺术在营造新的城市公共空间与环境景观的同时，也用多重手段创造着城市的新文化，成为文化生长的

孵化器，这种城市文化的精神场甚至可以成为城市风格的助推器。地铁站台的公共空间环境需求带来全新的城市文化需求，在满足快捷安全功能的同时，艺术和美不只是唯一的目标，北京地铁公共艺术建设正从“艺术装点空间”转型到“艺术营造空间”，进而走向“艺术激活空间”。

文化的积淀是建立在城市自然增长的基础上的，如何在当下为促进城市化进程中注入文化的灵魂，恢复城市历史的记忆，建立城市的人文与场域精神，营造宜居、艺术的生存环境则成为我们最重要的努力方向。

2012年，受北京市规划委员会和北京市轨道交通建设管理有限公司的委托，中央美术学院完成了《北京轨道交通全网文化规划》课题，确立了北京地铁公共艺术“传承北京城市文脉，发扬北京城市精神，地上地下映射互动”的主体思路和“文化、空间、艺术三位一体，区域、站点、线路相辅相成”的规划设计原则，让地铁成为展现北京城市文化与人文精神的平台和绽放城市友善表情的载体。同年，中央美术学院在北京地铁6、8、9、10号线二期的艺术统筹和8、9、10号线的公共艺术创作实施中，确定了创意的切入点是想象乘客游走在各条地铁线，感受现实与历史的交辉，充分领会北京这座文化古城的前世今生。这是一种态度 、一种眼光、一种体验，甚至是一种生活方式。

北京地铁南锣鼓巷站《北京 · 记忆》就是此次公共艺术创作实践中的典型案例，案例的意义并不在于项目本身，而在于“艺术激活空间”主张的落地实践。事实证明，落成后的艺术作品得到了民众的广泛认可，并通过民众促进了该区域的文化生长与活力。

艺术激活空间

北京地铁南锣鼓巷站《北京 · 记忆》——艺术植入公共生活土壤中的“种子”。

城市是靠记忆而存在的——爱默生

南锣鼓巷始建于元代，是北京老城区的核心，有着原汁原味的胡同风貌和众多趣味盎然的生活场景，传统与时

尚的独特融合，构成了南锣鼓巷的独特魅力与风情，也使南锣鼓巷成为京味风情的窗口，并入选美国《时代》杂志评选的“亚洲25个不得不去的趣味旅游目的地”。

公共艺术作品《北京·记忆》位于北京地铁8号线南段的南锣鼓巷站站厅层。作为北京地铁线网的重点站，其公共艺术创作必然承载城市的传承与创新，在重建模糊的北京记忆同时，更加注重艺术的延展价值，让作品讲述城市动人故事，承传城市创新精神，绽放城市友善表情。作品强调地域识别性和互动参与性，通过创新的策划理念、广泛的合作、多维的空间延展使之超越了艺术作品本体的物质形态，将公共、大众和艺术联结成一个新的领域，成为集艺术、公共事件、社会话题、市民互动、媒体传播的新型艺术载体。

《北京·记忆》的整体艺术形象由4000余个琉璃铸造的单元立方体以拼贴的方式呈现出来，用剪影的形式表现了老北京特色的人物和场景，如街头表演、遛鸟、拉洋车等。有趣的是每个琉璃块中珍藏着由生活在北京的人提供的一个个老物件，一个纪念徽章，一张粮票，一个顶针，一个珠串，一张黑白老照片。这一个个时代的缩影，也在不经意间勾起了人们对北京的温暖记忆。每个琉璃单元体中封存这些呈载鲜活故事的物件，并在临近的琉璃块中加入可供手机扫描的二维码，市民可以通过扫描二维码阅读关于该物件的介绍及其背后的故事，观看提供人的访问视频或文字记录，并与网友通过留言进行互动。通过这些延展活动，也借助地铁庞大的人流形成的影响力，将北京记忆的种子植入人们的心中，让城市的历史文化从鲜活的日常生活中彰显出来，让城市记忆以物质的形式保存下来、流传开去，并与当下生活发生关联，唤起人们生活的情感与回忆，使每个市民成为艺术的参与者，在产生自豪感的同时激发市民的责任感和归属感，也唤起各地乘客对这座城市的喜爱和记忆。

因此，地铁南锣鼓巷站公共艺术的呈现，比结果更

为重要的是采集物件的发生过程，在这个过程中，市民为这个城市乐章注入了属于每个个体的音符。众多的个体记忆被集合、放大、发酵，最终升华成为城市的集体记忆。也正是在这个过程中，本质上零散的“个体记忆”转化成为“被收集的集体记忆”，通过作品的多元传播延伸成“传递性回忆”。

值得强调的是，在地铁公共艺术作品中，以公共艺术计划的形式，并综合运用网络等虚拟空间与观众沟通互动，通过媒体的介入和推广引发广泛的社会话题，为这些老物件和老北京的文化找到了新载体的同时，将整个过程酝酿发酵为一个文化艺术事件，从而为北京文化的传承和衍生带来了全新的可能。

公共艺术之所以是“公共”的，绝不仅仅因为它的设置地点在公共场所，而是因为它把“公共”的概念作为一种对象，针对“公共”提出或回答问题，因此，公共艺术就不仅是城市雕塑、壁画和城市空间中的物化的构筑体，它还是事件、展演、计划、节日、偶发或派生城市故事的城市文化精神的催生剂。

北京新地铁公共艺术建设的主张是在营造新的城市艺术环境的同时，让公共艺术从一个单纯艺术领域中飞越出来，将艺术植入城市肌体，激活城市公共空间。艺术成为植入城市公共生活肥沃土壤中的“种子”，诱发文化的“生长”，使艺术之花盛开，延伸喜悦、激发创意，让艺术成为城市生活的精神佳肴，令城市焕发生机和活力，激发人们更加热爱自己的城市和社区，提高城市的美誉度，创造城市的新文化，使之成为一个传递城市文化的艺术名片。

城市公共艺术的建设，是一种精神投射下的社会行为，不仅仅是物理空间的城市公共空间艺术品的简单建设，最终的目的也并不是那些物质形态，而是要对城市文化风格、城市活力以及城市人文精神带来富有创新价值的积累，成为艺术与城市、艺术与大众、艺术与社会关系的一种新的取向。

5.4 秦璞：公共艺术正在路上

Future 未来

秦 璞

秦璞，1956年生，山东济南人。1982年毕业于江西景德镇陶瓷学院美术系雕塑专业，原中央美术学院雕塑艺术创作研究所研究员、副所长。现为中央美术学院雕塑系公共艺术工作室主任教授、硕士生导师，中国美术家协会陶瓷艺术委员会委员，中国文化产业促进会副会长，北京城市科学研究会、北京规划学会公共环境艺术与城市雕塑专业委员会委员，中国观赏石协会艺术与科学顾问。作品《西藏姑娘》获第六届全国美术作品展览会优秀作品奖；《组鹤》获首届全国城市雕塑设计方案展优秀奖；《动的连续》获第十一届亚洲运动会主体雕塑设计方案展优秀奖。《裂变》《翔》《硕果》落成于北京国家奥林匹克体育中心，《北京大学革命烈士纪念碑》落成于北京大学校园内，《韵》《月光曲》落成于山东省青岛市东海路，《韵系列之二 》落成于广西桂林国际雕刻公园，《蕾》落成于吉林省长春市人民大街。

1. 公共艺术在中国发展历程

中国公共艺术发展脉络最早始于城市雕塑，然后逐渐拓展为环境雕塑艺术，后期公共艺术概念才开始介入。

在改革开放以前，城市雕塑项目都是来自于国家和政府，以纪念碑类型为主。我在中央美术学院雕塑艺术研究所任职时就承担过不少国家重大纪念碑的设计和落成工作。改革开放以后，随着城市建设规模的剧烈扩张，城市和社区对形象的要求、对文化提升的需求也爆发式增长，这个时期出现了一大批优秀的、反映城市特色的雕塑，如深圳的《拓荒牛》、珠海的《珠海渔女》、兰州的《黄河母亲》及广州的《和平少女》等，但同时出现了城市雕塑的批量化生产现象，这些批量化生产的雕塑无视城市的特色和个性，在对城市文化的解读上进入了误区。总体来说，此时城市雕塑还处在美化和装饰城市空间的层面上，对文化和人的关怀的探索还远远不够。不过这个时期，我们国家也意识到了城市雕塑的重要性，并加大了支持力度，由建设部和文化部共同组建成立了城市雕塑建设指导委员会。

伴随着改革开放进程的推进，城市发展不仅只是单纯地注重硬质建设，软质的精神建设也成为大家关注的焦点，这时候，我们意识到城市雕塑不是一个孤立的个体，其表现形式也不是单一的纪念碑，而是一个多学科综合的系统性工程。这就是公共艺术的概念。

公共艺术的肇始，是美国的“百分比艺术”。20世纪60年代，欧美发达国家已经开始重视城市公共艺术，并且制订相关法律、法规，成立相应的基金会推动这方面的事业，如美国推广国家标准的公共艺术，建立公共设施厅和全美艺术基金会管理机构。“百分比艺术”成为20多个城市规划的法规，规定在公共建筑上，须将工程费的5%用于美术作品。后来，其他国家纷纷效仿，法国、日本也将城市建筑工程费用的1%~3%用于城市艺术创作。公共艺术与单纯的艺术雕塑不同之处在于，公共艺术是放置在公共空间，为大众提供服务的，因此，它既要符合艺术的审美，也要能够保证其在公共空间的正常功能。所以，要有套合理的程序来决策公共艺术的建设并维护其日常使用，从艺术品方案的选择到日常维护的资金、主体人以及后期的经济利益分配，都需要严格的法律体系来保障。

2. 公共艺术的概念和范畴

谈到这里，我们首先要厘清公共艺术的概念，所谓的公共艺术，国外叫作“Public Art”，并没有十分明确的界定。公共艺术可能与民族文化、国家形象、地域历史有着密切的关系，有时候是对历史文化遗产的再认识，有时候则是脱胎于实际生活的实物进行的艺术加工，有的则是历史上具有的功能性设施，随着社会变革，其功能性慢慢转化成为了艺术性，例如长城、金字塔等，都已经成为举世闻名的公共艺术案例。

另外，公共艺术涵盖的范围也非常广泛，不仅包括室外大型的雕塑和构筑物，还包括带有艺术特点的公共设施，比如公交车站、垃圾桶、路灯、电话亭等，这些公共设施兼具实用性和艺术性，为城市生活带来了趣味性和艺术提升。公共艺术涵盖了多种学科，并且其概念和范畴也在不断地发展，所以，我们要以动态的眼光来看待城市公共艺术。同时，也要有包容的心态，这样，城市公共艺术才能不断发展下去。有人说，当下的互联网时代，互联网也属于公共艺术表现的一种方式，我对这句话也是认可的，因为公共艺术实质上是一种传播艺术，它是针对大众、针对多元文化的一种艺术表达，这就需要艺术家去创造更新、更好、更利于传播的艺术理念来应对互联网的发展，而不是故步自封，守着传统的艺术方式不肯进步。

在这里，特别要提及的是大众的参与性。这些年来，人们对公共事务的参与意识越来越强，从一开始的关心重视生活环境，发展到对城市文化和城市艺术品位的关注。在大众的视野下，公共艺术作品不仅仅是陈设，同时更可能是一系列关乎观念行为的公共艺术事件，要产生互动、共享，所以，在当下的城市公共艺术营造方面，艺术家们越来越重视艺术与公众的互动。从这个意义上来说，公共艺术就是解决城市居民精神上的贫富差距问题的，大家都享有接受文化、艺术的熏陶、欣赏与品鉴它们的权利，而不像过去，艺术只存在于博物馆、艺术馆这些远离普通人生活的场所，高高在上。并且，好的城市公共艺术，在推动城市健康发展方面，是能够起到积极作用的。

20世纪70年代，美国经济处于滞胀状态，与苏联的军备竞赛严重损害了其经济发展，同时深陷越战泥潭，很多年轻人找不到出路，看不到未来的希望，而像地铁这样的城市公共空间成了他们发泄的窗口，纽约地铁成为了最合适的对象，这些年轻人拿起了喷漆、涂料和笔，在地铁里涂鸦，很快就席卷了整个纽约地铁。这些涂鸦大部分都是创作者负面情绪的发泄，它们使得整个车厢幽暗混乱，让乘客非常没有安全感，事件的高潮发生在1984年，那年，伯纳德·戈茨在地铁站枪击了四名年轻人。在这种情况下，当时的纽约市长埃德·科赫下令清除所有地铁涂鸦，将全部车厢刷白，这项工作从1984年一直持续到1989年才全部完成。现在，纽约地铁的公共艺术丰富多样，但是再也不像以往那样阴暗颓唐了。

国内城市公共艺术的典型案例是成都的活水公园。1998年之前，活水公园还是成都府南河上最为脏乱差的臭水沟。1997年开始，美国环境艺术家达蒙女士担纲了活水公馆的规划和设计工作，运用水生植物吸收水体中的污染和有害物质的生态学原理，把水质生物净化过程和园林艺术结合起来，建造了人工湿地以及具有生物多样性的生态化滨河公园。并且，整个方案将水体的净化过程用艺术化景观设计的方式表达出来，为民众普及了一堂水体生态的生动课程。

3. 公共艺术未来的发展

就目前来说，我们国家的公共艺术正在路上。过去，很多艺术家亲历实践，由此诞生了很多很好的案例，但系统性、规模性的城市公共艺术体系始终没有形成。因为城市公共艺术建设的主体还是艺术工作者，但习惯创造性思维的雕塑家、艺术家对城市的系统性和科学性认识还不足，还需要培养自身的理性思考能力。

同时，城市公共艺术和城市规划、城市设计、建筑设计、风景园林等方面的融合还没达到水乳交融的程度。究其原因，是因为大家的心态都还不够开放，都想当主角，城市是一个戏台，但是主角太多，这场戏就乱了。所以，找准自己的定位，做好不同学科之间的配合非常重要。这一点，需要总导演——城市政府部门的有力协调，才能让不同学科恰到好处地配合，为城市创造更加积极、更加适合人居的环境。但是目前我们没有走到这一步，或者还很

不足，还要在这方面进一步完善，例如项目运作步骤、时间周期和资金运作等都存在很多问题。这是我们公共艺术未来存在的不确定性。

随着经济的发展，人们的物质生活已经达到一个相对富裕的阶段，接下来人们将增加对精神生活以及艺术的追求。艺术追求不仅仅处于好看的层面，它会陶冶人们心灵，激发人的创造力，建构人的内在品质。公共艺术也是一个城市文化品质重要的表达路径，对构建城市的品质起着重要的作用，所以，城市公共艺术的未来空间是巨大的。并且，随着科技的不断发展，城市公共艺术的实现方式也会越来越多元化、科技化，曾经我们想都不敢想的东西，将来会一步步变成现实。这需要我们的艺术工作者以开放的心态去接受各种新的技术和新的事物。

4. 公共艺术如何表现新时代

首先公共艺术实践者或者艺术家，就是存在于这个时代的人，是这个时代的有机组成，他们的一举一动都反映这个时代。就像我们经常说的：民族的，才是世界的。我们同样也可以说，时代的，才是永恒的。像万里长城，正是那个时代背景下的伟大工程，流传到现在，成为举世闻名的艺术典范。艺术本身就是属于时代的，艺术的创作者本身就有着时代的烙印，正因为他的作品反映了那个时代的特色，才得以流传，供后人瞻仰和研究。

公共艺术不是个人行为，也不是艺术家个人内心世界的映射，而是要关注整个社会，整个人类，在价值观认同的基础上去思考，再通过个人的想象力和创造力用艺术去诠释。

我们目前这个时代，社会的多元化和科技化的特点越来越明显，公共艺术的多元化和科技化的印记也越来越多，我们艺术工作者要做的就是放下原来高高在上的架子，去拥抱、去了解这个时代，为这个时代创造出与之相配匹的作品，为后世人留下与这个时代相得益彰的精神财富，这正是我们最应该去做的。

5.5 马钦忠：中国公共艺术的现状和前景

Status Quo 现状
Prospect 前景

马钦忠

马钦忠，著名策展人，艺术批评家，中国美术学院等多所院校客座教授，曾多次策划与公共艺术相关的展览和论坛活动。马钦忠先生同时是中国公共艺术理论、实践与研究的重要推动者，曾出版众多与公共艺术相关的书籍，其中包括《公共艺术基本理论》《中国公共艺术与景观》《雕塑·空间·公共艺术》等，为推动中国公共艺术的理论研究及发展做出了重要贡献。2015年5月9日，武定宇、卢远良对马钦忠进行了采访，马先生就公共艺术的内涵以及中国公共艺术教育等问题，阐述了其个人的想法。

卢远良：从您多年的理论研究经验来看，您认为公共艺术的内涵是什么呢?

马钦忠：从我的研究来讲，我觉得是三个问题。

第一个是公共精神的塑造和培养，这是一个核心问题。公共艺术介入、参与、创新城市公共空间，根本的目的就是我们怎么培养公共精神。举例说，我们现在几乎所有城市都有空间规划，诸如商务区、教育区、产业区等。在此存在很大的问题：生活在这个空间里的人们关于他们共同交流、共同生活的空间是友好的还是非友好的?是促进人与人交流的还是非促进人与人交流的?我们有没有去考虑这个问题。答案是空白。当公共艺术进入到这个空间里，它对人与人之间的和谐关系和对环境友好关系的促进是什么样子，这更是空白的。

第二个是城市公共空间品质的研究。通常我们认为种了几棵树，路很宽，放两把椅子，引入水，铺上透水砖就是生态友好型环境了。事实上根本不是那么简单。种什么树，这个树是不是生态的，鸟会不会来，来什么鸟，这个污水下来以后进入土地，它跟我们的环境排斥与否，我们对这方面的工作做得非常不够。它为生存者、居住者、来访者提供一个什么样的交流品质，我们的研究也是一个空白。具体地说，第二个问题是关于生态的可持续性要素和人文营造的品质怎样协同介入城市空间，构成城市社会的可持续性、良性发展。

第三个是公共艺术创作与实施的基本策略，就是在实践层面我们该怎么做。这方面涉及社会政策的制度设计，艺术方案的获取渠道、评审和挑选机制，策划人制度等等，是一个复杂而又系统的问题。没有这样一个完整系统的社会保障，前两个问题都要落空。

我的研究工作主要是致力于上述三个方面。一个学科的成熟不仅在于有多少人关注，更重要的是，必须有该学科的专属性的学术表述系统，从而为这一学科研究和实践工作提供概念工具。有人说公共艺术是一种观念，这种说法是十分表面的。它不仅是观念，更是当代中国城市公共空间实践的美学工具和方法论原则。如果说，我的理论研究工作与其他专家有不同之处，那便是我试图通过我的工作，提供一套公共艺术独有的概念工具，这套概念工具不是借来的，是公共艺术这个学科专属的。当我们有了这套工具以后，我们去研究城市空间就有了公共艺术这一学科专属的表述方式。希望我的研究能解决这个问题并把这项工作做好。

卢远良：刚才马老师谈到了三个点，从精神到品质再到策略，然后又回归到一个学科的建设，让我想到一个问题，中国逐渐把公共艺术作为一种学科去建设。在您看来，如果说公共艺术作为一种学科的话，您是怎么去理解的?

马钦忠：这个问题可能有很多学生在做论文的时候都会碰到，觉得公共艺术没有边界。我的研究一样会碰到这个问题。那我们在理论上怎么解决这个问题？首先谈谈我的解决方式。我的定义是，公共艺术，它是一门学科，不是一门专业。学科的研究对象可以有很多，我们可以概括出哪怕它有一百个研究对象，其中可能有五个或六个学科形成公共艺术的核心。由这五个学科的核心，我们画出它的边界线在哪里，跟城市历史学什么关系、跟景观学什么关系、跟建筑学什么关系等等，我们画出它的边界，也就是找到它的相接点，然后进行理论核心的建构。这样我们有一个清晰的理论脉络，否则没法操作，而且我们去言说的时候也会显得无边无际，你说的问题跟我说的问题不在一个频道，就难以产生更有深度的理论对话。这更表明一套专属于公共艺术理论的概念工具的重要性。

从实践层面来讲，它是多学科共同参与的一个对城市空间美学的实践和运用。这一套实践运用成为了它跟别的学科的最大的区别，它是理论和实践并重的，它是不能离开理论的。

武定宇：中国的公共艺术教育近些年发展迅猛，较为集中的是本科层面，想请马老师谈谈中国本科公共艺术教育最需要培养学生具备什么样的能力?

马钦忠：首先为什么中国有公共艺术的本科教育，乃至硕士、博士整个梯队的培养？这说明在整个中国城市化的建设过程中，改造城市空间的要求和诉求深入人心，而且，它未来一定会是我们城市建设与发展中一支非常重要的力量，社会的需求也非常大。大家一定是有

非常高的预期，这是毫无疑问的。那与西方相比，因为西方的城市空间比较成熟，想找到一个需要改造的地方很难。然后，它又跟人口有关，它的人口不是增长，而是下降的，所以，它的城市空间再生产、再扩大的刚性需求是比较小的，甚至有很多老的城市空间已经衰退了，它需要振兴，需要再生。所以，它面临的问题跟我们是完全不同的。在中国城市化的发展中，我们有这么多的学校热衷于公共艺术教育，总的来讲，是对我们城市空间品质发展的高预期的一个反映，我觉得是好的现象。但是，从它的质量来看，跟我们所讲的担负着城市公共空间实践重任的这种要求和准备，距离很大。

作为一个公共艺术专业的学生，我认为要有三方面的技能。第一，动手的技能。我想到这个问题，要能够把它弄出来。你的脑子不是光空想概念，应该是一个可实践的、空间的东西。第二，对场所的认知，就是我们要对这个场所要有充分的认知。像过去盖房子，我们总是简单化处理。我要在这儿盖多少多少房子，路不平，把它推平，然后有什么挡我，把它铲掉。结果所有的东西盖出来都像兵营。其实你为什么不用它的高差、不用它的地形？现在我们慢慢懂了，要用它的高差、地形、水流系统等，进行环境和空间的塑造。我们懂得了环境是有生命的。第三，有关历史人文知识的准备。当我们面对每一个环境的时候，我们要用一种敬畏之心，这是因为，我们的祖先曾经在此生活过，我们的同辈人也在此生活，我们的后代还将继续在此生活。所以，我们对环境要充满一种责任心，充满一种敬畏的心。

武定宇：从刚开始人们不太了解公共艺术，不知道公共艺术这个词是什么，到现在大家都谈论公共艺术，很多人也开始理解什么叫公共艺术。我觉得这个过程是您这一代人辛勤努力的结果。文化部在2015年开始筹办中国公共艺术专题展这样一个活动，您觉得它在此时筹办意义何在？

马钦忠：从国家层面来讲，我觉得它反映了对城镇化建设空间美学诉求的变化和表现，对文化惠民、发展创新型国家的空间诉求。所以，我们更加要抓住这样一个从国家顶层设计层面重视公共艺术的契机，把这个公共艺术大展做好。从我们的展览中揭示出这一学科未来将会在我国的城市空间品质升级中起到的重要作用和意义。唯有如此，才无愧于我们，包括你们，几代人对公共艺术的努力。

参考文献

[1] 邵晓峰. 探索中的前行——改革开放30年中国公共艺术发展回顾与展望[J]. 艺术百家，2009, 25 (5)：29-36.

[2] 陈耀杰. 2016预测报告之公共艺术：“跨领域”的公共艺术新取向[EB/OL]. [2016-02-17]. http://news.artron.net/20160217/n816174.html.

[3] 马钦忠. 公共艺术基本理论[M].天津：天津大学出版社，2008：70-74.

[4] 孙振华，鲁虹. 公共艺术在中国[M]. 香港：香港心源美术出版社，2004：24.

[5] 李永清. 公共艺术[M]. 南京：江苏美术出版社，2005：5.

[6] 王中. 城市公共艺术[M]. 南京：东南大学出版社，2004：19.

[7] 李枝秀. 关于公共艺术与城市公共空间的探讨[D]. 南昌：南昌大学，2005.

[8] 林建群. 奥登伯格环境雕塑艺术的深层语义[J]. 文艺评论，2011(3)：112-116.

[9] 艾夜. 北方天使[EB/OL]. [2014-12-05]. http://www.cpa-net.cn/news_detail101/newsId=4621.html.

[10] 环球网综合. 跟随《卫报》记者感受英国最佳城市纽卡斯尔[EB/OL]. [2014-11-24].http://go.huanqiu.com/html/2014/europe_1124/6162.html.

[11] 中国大百科全书出版社编辑部，中国大百科全书总编辑委员会《建筑 · 园林 · 城市规划》编辑委员会. 中国大百科全书：建筑园林城市规划[M]. 北京：中国大百科全书出版社，1988：72.

[12] 王建国. 21世纪初中国城市设计发展再探[J].城市规划学刊，2012(1)：1-8.

[13] 戴松茁. “可行的”城市设计——当代城市设计的定义、方法、作用及未来[J]. 建筑学报，2005(2)：8-11.

[14] 孙施文. 现代城市规划理论[M]. 北京：中国建筑工业出版社，2007：89.

[15] 翁剑青. 城市公共艺术：一种与公众社会互动的艺术及其文化的阐释[M]. 南京：东南大学出版社，2004：31-32.

[16] 马钦忠. 公共艺术基本理论[M]. 天津：天津大学出版社，2008：219.

[17] 赵贞. 知识城市视野下的我国城市公共空间研究[D]. 重庆：西南大学，2012.

[18] 李昊. 物象与意义——社会转型期城市公共空间的价值建构[D]. 西安：西安建筑科技大学，2011.

[19] 金鹏，高峰. 城市公共艺术的公共性和地域性初探[J]. 大众文艺: 学术版，2015(8)：52-53.

[20] 孙明胜. 论公共艺术与环境文化生态[J]. 装饰，2006(12):12.

[21] 马钦忠. 公共艺术基本理论[M]. 天津：天津大学出版社，2008.

[22] 李永清. 公共艺术[M]. 南京：江苏美术出版社，2005.

[23] 王中. 城市公共艺术[M]. 南京：东南大学出版社，2004.

[24] 孙振华，鲁虹. 公共艺术在中国[M]. 香港：香港心源美术出版社，2004.

[25] 翁剑青. 城市公共艺术: 一种与公众社会互动的艺术及其文化的阐释[M]. 南京：东南大学出版社，2004.

[26] 邹跃进. 新中国美术史[M]. 长沙：湖南美术出版社，2002.
[27] 孙施文. 现代城市规划理论[M]. 北京：中国建筑工业出版社，2007.
[28] 阿纳森. 西方现代艺术史[M]. 巴竹师，邹德侬，刘珽，译. 天津：天津美术出版社，1994.
[29] 芦原义信. 街道的美学[M]. 尹培桐，译. 天津：百花文艺出版社，2006.
[30] 孟岭超. 基于“海绵城市”理念下的城市生态景观重塑研究[D]. 开封：河南大学，2015.
[31] 何阳. 体验式商业空间“情境营造”策略研究 [D]. 长沙：中南大学，2014.
[32] 赵贞. 知识城市视野下的我国城市公共空间研究[D]. 重庆：西南大学，2012.
[33] 李昊. 物象与意义——社会转型期城市公共空间的价值建构（1978-2008）[D]. 西安：西安建筑科技大学，2011.
[34] 季欣. 中国城市公共艺术现状及发展态势研究[J]. 大连大学学报，2010, 31 (5)：276-277.
[35] 仲松. 上海五角场环岛下沉式广场景观设计[J]. 风景园林，2009 (3)：113-116 .
[36] 徐波， 赵锋. 关于“公共绿地”与“公园”的讨论[J]. 中国园林，2001, 17 (2)：6-10.
[37] 单冬梅. 浅析长春世界雕塑公园建设特色[J]. 现代营销，2012 (8)：238-239.
[38] 谷云瑞, 徐秀民，李硕. 公共艺术在旧城改造中的应用——青岛台东三路公共壁画步行街[J]. 建筑学报，2004 (9)：31-33.
[39] 武定宇,宿辰. 从艺术装点空间到艺术激活空间——北京地铁公共艺术三十年的发展与演变[J]. 城市轨道交通研究，2015 , 18 (4).
[40] 侯桢. 公共艺术理念如何介入上海2010年世博会地铁专线建设[J]. 美术大观, 2009 (9)：228-229.
[41] 张洁，柳澎. 行走于艺术与技术之间——北京侨福芳草地[J]. 建筑技艺, 2014 (11)：72-79.
[42] 家奇，阮骏逸. 拥有8大主题空间的台大儿童医院[J]. 中国医院建筑与装备, 2010 (3)：24-27.
[43] 郝大鹏，马敏.“地域营造”——四川美术学院虎溪校区之“公共性”解析[J]装饰，2013 (9)：35-40.
[44] 周娴. 关注民生，让艺术走进社区——访曹杨新村公共艺术项目策划人汪大伟[J]. 公共艺术，2009 (1)：25-27.
[45] 山东工艺美术学院美术馆. 第二届国际公共艺术奖作品巡展(济南站)作品[J]. 山东工艺美术学院学报，2015 (5) .
[46] 郑炳鸿. 启德河绿色走廊[J]. 公共艺术. 2015(4).
[47] 孙莹. 解放碑：浓缩的重庆文化[J]. 重庆与世界: 学术版，2015 (2)：59-61.
[48] 汪海燕. 公共艺术在乡村建设中的介入研究[J]. 赤峰学院学报：哲学社会科学版，2014 (6)：221-222.
[49] 胡波，刘冠，郭洪武，等. 北京798艺术区建筑改造手法分析 [J]. 家具与室内装饰，2012 (1)：78-79.
[50] 孙明胜. 论公共艺术与环境文化生态[J]. 装饰，2006 (12)：12.
[51] 姚志芳. 浅谈城市色彩规划设计[J]. 城市建设理论研究: 电子版，2012 (35).